不丧

[澳] 丹尼尔 · 奇迪亚克 ——著

安梓萱 —— 译

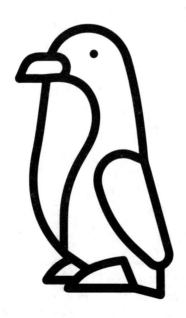

国际文化出版公司
· 北京 ·

图书在版编目（CIP）数据

不丧 /（澳）丹尼尔·奇迪亚克著；安梓萱译 . --
北京：国际文化出版公司，2023.5
ISBN 978-7-5125-1452-2

Ⅰ . ①不… Ⅱ . ①丹… ②安… Ⅲ . ①人生哲学－通俗读物
Ⅳ . ① B821-49

中国版本图书馆 CIP 数据核字（2022）第 160433 号

北京市版权局著作权合同登记号：图字 01-2023-1689 号

This translation published by arrangement with Harmony Books, an
imprint of the Crown Publishing Group, a division of Penguin Random
House LLC

不丧

作　　者	［澳］丹尼尔·奇迪亚克
译　　者	安梓萱
统筹监制	鲁良洪
责任编辑	张　茜
出版发行	国际文化出版公司
经　　销	国文润华文化传媒（北京）有限责任公司
印　　刷	三河市华晨印务有限公司
开　　本	880 毫米 ×1230 毫米　32 开
	8 印张　　　　　　　160 千字
版　　次	2023 年 5 月第 1 版
	2023 年 5 月第 1 次印刷
书　　号	ISBN 978-7-5125-1452-2
定　　价	49.80 元

国际文化出版公司
地　　址：北京朝阳区东土城路乙 9 号　　邮　编：100013
总 编 室：（010）64270995　　　　传　真：（010）64270995
销售热线：（010）64271187　　　　传　真：（010）64271187-800
E－m a i l：icpc@95777.sina.net

名人推荐

《不丧》这本书是最好的个人成长类书籍。不论你处在生活中的什么位置，它都能帮助你发掘最好的自己。

——托雷·史密斯，第 47 届"超级碗"冠军美国费城

老鹰队橄榄球员

《不丧》能帮助我们培养赢家的精神状态，过上充实而成功的生活。而且，这本书提供了清晰、可行的步骤，我强烈推荐这本书！

——娜塔莉·伊娃·玛丽，美国 WWE 职业摔跤手和女演员

我一辈子都在读自助书籍，终于，我找到了这本能让人变得明智而积极的实用指南书。丹尼尔热情的文字能给人带来极大的鼓舞和推动，真是引人入胜的阅读体验！

——海伦·卡帕洛斯，澳大利亚十号电视网高级新闻主持人

丹尼尔的经历和学识让人印象深刻,不要被他的年龄骗了,他对这个世界如何运转有着清晰且积极的理解,而且他还知道如何用具体的行为来提升个人的自尊。他饱满的热情和深刻的思考值得分享给每一个人。

——阿伦·扬,英国天空新闻台台长

丹尼尔在帮助人们化解自身难题方面有着不可思议的直觉力。他有能力将人们逐步带入崭新的、充满力量的视野中。他的才华和气场非常具有感染力。他既理解、尊重每个人的处境,同时又帮助人们超越障碍,实现生活中的目标。

——托比·奥布莱恩,澳大利亚资深心理学家

丹尼尔的鼓励与方法能帮助我们超越过去的局限,他真是一流的天才。要是这世上有更多像他一样的人就好了。

——安吉拉·雅各布森,畅销书
《宝宝之爱:安吉拉·雅各布森的 A 到 Z》作者

读者赞誉

谢谢你写了这本书，我把它当成《圣经》来读。

——亚历克斯（加拿大多伦多）

我 26 岁，来自英国。2015 年，我被诊断患有严重的焦虑和抑郁。我不仅因为恐慌发作而被紧急送往医院，同年我还被告知罹患皮肤癌，需要进行大的手术。这一切的一切太令人难以承受了。我的关系，我的家庭，我的工作……我的一切都受到了极大的影响。我开始通过酗酒和抽烟来缓解压力，还参加了许多心理治疗的课程，但是都没有任何效果。

有一天，我决定在事情彻底失控之前找回人生的主动权。于是，我停止服用心理医生给我开的药，停止参加心理课程，自己想办法来拯救自己。这就是我读这本书的原因。我花了八个月的时间来读这本书，我认真地践行了每一个步骤，我不仅接受了挑战，还完成了所有任务。别误会，我还远没有达到自己的理想状态。然而，自从我在 2016 年翻开书的第一页起，我就一直努力前行，从未放弃。途中我遭遇了许多艰难时刻，有时因为我太过悲观，甚至都很难打开这本书。幸运的是，你的书和你的故事引导我度过了一段相当黑暗的时光，对此我非常感谢你。现在的我顺利把烟给戒掉了，出门聚餐也只喝一两杯酒，今年开始还踏上了健身旅程，我的身体与心灵都在往好的方向转变。我现在感觉，只要自己继续往前迈进，就算碰上状况不好的日子也没关系。而且，我可以自信地说，我的抑郁症真的消失了。虽然焦虑还时不时会探出它那颗丑陋的脑袋，但是读了你的书之后，我对焦虑更加了解了，也学会了把重心放在更正向的事情上。

——乔纳森（英国柴郡）

谢谢这个世界有你存在。我刚读完你的书，喜极而泣，因为我刚跟深爱的人分手了，但我还是放不下这段感情。读了你的书，我深受鼓舞，我现在学会每天保持正向的态度，持续内观，持续专注于自己的想法和行动。

——洛娜（英国伦敦）

我想要对你说，你的书给了我的人生不少帮助。我有一些创伤经历，从来没有意识到自己的行动、想法、情感会影响到人生，直到读了你的书，做了许多自我探索之后，我才终于有所体悟。如果我没留意到这些，就表明我没有真的关注自己，没有看清自己的梦想。我困在这份讨人厌的工作中太久了，目前我正在向理想的工作进发。我每天研读、练习书中的步骤，并把这件事列为第一要务，而我的人生也越变越好！改变自己很困难，却非常有意义。每当状况不好时，我总是回头读你的书和你的话语，让自己重回正轨。

——哈利（澳大利亚悉尼）

读了你的书，我常常反省自己、重视自己，才体会到自我价值的重要。现在，我替更大的公司工作，生活也很快乐。

——安德烈亚（澳大利亚新南威尔士）

我在情感、工作上的进步，都得益于阅读你的书。非常感谢你推了我一把，因为在那之后，我进步了很多，而我也不打算慢下来。

——卢克（阿根廷布宜诺斯艾利斯）

过去两年来，我的生活可谓历尽艰辛。我经历了两位重要的人的离世，其中一位还很年轻；又经历了分手，当初还以为会跟对方结婚。碰巧看到了你的书，一切都是那么及时，因为当时的我连下床的心力也没有了。虽然我现在还没有完全走出来，但每当阅读书里的内容时，就会觉得倍受鼓舞，觉得有希望过上更好的日子。谢谢你花时间写出这样的书，我相信，这本书在今后能持续帮助到许多人。

——内森（美国罗德岛）

我的人生糟透了。我在感情中一直遭受虐待，后来才鼓起勇气要跟男友分手。曾经的我忘了自己是谁，忘了自己在人生中想要什么，我的人生仿佛只是在帮助用药成瘾的男友解决他的问题。对于这段感情关系，我决定放手了，我要把注意力放回自己身上。我之所以接触到你的书，是因为我绝望又孤独，跟成瘾者住在一起的滋味，没人能够体会。谢谢你创作这本书，它改变了我的人生。

　　　　　　　　　　　　　　——莱西（加拿大安大略省）

　　你的书帮我在交友方面做了一些困难的取舍，让我能以更平静的心态看待人生。一开始读这本书的时候，心里还有一堆疑问，以为别人会给我现成的答案，可是现在我明白了，大部分的问题，我的心里已经有了自己的答案。由衷感谢你的分享！我从中获得诸多启发，难以言喻。

　　　　　　　　　　　　　　——娜达（丹麦哥本哈根）

　　我读你的书，是在我创业的第二年，当时的情况很糟。顾问对我说，我的事业行不通，要立刻止损才行！可是，我的内心始终有个声音要我坚持下去，而我也照做了。谢谢你的书帮我在遇到难关时继续坚持下去。

　　　　　　　　　　　　　　——迈克（英国利物浦）

　　你是我的救星。

　　　　　　　　　　　　　　——珍妮（美国乔治亚）

前　言
构建理想生活的力量，就在你的身上！

　　力量就在你自己身上，只要你找到它、善用它，你所渴望的事情都将实现。

　　　　　　　　　　——奥里森·斯韦特·马登，美国成功学作家

　　为什么今天的你是这个样子？为什么有人积极主动地去做事，而有些人连起身找电视遥控器都嫌麻烦？是什么造就了人与人之间的差别？

　　如果你的生活变得一团糟，你该如何把自己解救出来？搭建理想生活的途径是什么？过往那些取得非凡成就的人们，他们是怎么做的？

　　探寻以上问题的答案，成了我一生的热情所在。我发现，每个人身上都有无穷无尽的智慧宝藏。不过可惜的是，在遭遇艰难、挫折、失望之后，很多人心中那股奋斗的精神变得日益黯淡。我决心向大家说明如何重拾那股精神。

　　在取得今天的成就之前，我的人生曾是一片灰暗。我不愿见人，常常通过嗑药来麻痹自己，可这无异于饮鸩止渴。我没有工作，一无是处，是个彻头彻尾的失败者。但是我跟别人一样，希望自己的人生有点意义，希望能给别人带去好

的影响，希望对社会有所贡献，每天都不虚度！

在那之后，我就开始踏上旅程，想找出以下问题的答案："有些人过着美好人生，有些人却从未真正实现理想，为什么？"在这趟旅程中，我找机会拜访了大量的成功人士，他们中有坚毅的领导、资深的专家、训练有素的运动员，还有很多我们能在电视上看到的名人。我发现，他们竟然全都具备相似的特质，无论是思维、感受，还是行为模式。没错，虽然他们的外在条件有许多不同，可是他们的内在本性却十分类似。而且意外的是，我发现他们也必须学习及练习一些有助成功的模式与准则。

接下来，我将在本书中具体地介绍这些我所发现、践行，同时也帮助我实现人生改变的模式与准则：

第一步：自我探索。自我探索能让人生永葆活力。这一步最为关键，不但能让你真正认识自己，而且你立马做出改变的能力也会获得改善。

第二步：改善心态。我们都很清楚，对某件事投注的心力越多，它就会越快实现。大部分的人把心力花在那些会破坏人生的事物上，而不是花在那些能丰富人生的事物上。这一步犹如终极指南，可以引领你区分两者的差别，也能提升你的觉察力。

第三步：积累成就。认真做成每件小事，积累经验，就能让你取得更大的成功。这个步骤如同一个"杀手锏"，能帮助你克服事业上的挑战，逐步实现你心中的蓝图。

第四步：经营关系。无论你在亲密关系或是人际关系里遇到什么样的状况，是挣扎不已、想要放手还是努力改善，这一步都能帮助你正确地应对。又或者，你想找到梦想中的另一半，却又不清楚该如何吸引对方，这里也有你需要的答案。

第五步：强健体魄。健康的身体能让你拥有良好的心态与敏捷的思维，没有健康的身体，人生成功的可能性会大大降低。本章会讲到一些卓有成效的方法来让你获得良好的身材，不过更重要的，还是让你觉得自己很不错。

第六步：滋养心灵。这个步骤能开启你的内观之旅，我们必须确立自己的人生观、世界观与价值观，否则心灵会始终漂泊。意识到自己在这个世界中的角色，也能推动你往前迈进。

第七步：找到满足感。没有满足感，人生就不算是成功。许多成就非凡的人士不一定有满足感，他们并不快乐。只有找出什么东西能让我们获得真正的快乐，我们才能缔造属于自己的成功。

以上步骤可以引出你内心一直拥有的美好特质。准备好跨进这个令人好奇、入迷、惊诧的世界吧，你跨进的不是一本书的世界，而是跨进你自身充满潜力的世界。

在我时来运转以前

衡量一个人的终极标准，不在于他在安逸的时刻所站的立场，而在于他在艰苦和受到争议的时刻所站的立场。

——马丁·路德·金，一九六四年诺贝尔和平奖得主我从小就一直梦想着更美好的人生，从小就有远大的想法，却似乎总有什么在阻碍我相信梦想成真。我跟大多数的小孩一样，从电视中接受世界的信息。我听着歌手们唱着脍炙人口的歌曲，看到商人们侃侃而谈自己的成就，就希望自己也有那样的成就。我的父母也一直努力为我营造出快乐的环境，一直很支持我。只是有的时候，小孩看事情的角度跟父母希望的不一样。

我的父亲有两面，一面极其严格，另一面却极富慈爱。他严格的那一面教了我许多，尤其是"永不放弃"这一点——拿到第二就是不够好，他期望我决心投入的事情都要有所成。过去，这令我相当困扰，不过我现在体会到这种教导莫大的好处。他那"永不放弃"的态度会永远刻印在我的心头。至于母亲，她对我从来没有怀疑，总是一如既往地支持我。我的父母无条件地关爱我，我对此感激不已。但就算如此，我还是不喜欢待在家里，也不喜欢遵守家规。

我开始在祖父和姑妈那里找到慰藉。我爸妈搬离我祖父家的时候，我决定住下来，没跟着他们搬出去。祖父是我的榜样，因为他跟家人感情很好。当初他还有钱、有外在尊严的时候，最显而易见的就是他的满足感。他总是跟这个世界和平相处，以乐观的心态来处理家庭问题。每天，他都会去当地的教堂做礼拜——多年后，我发现那才是他满足感的来源，而不是他拥有的金钱和尊严。

后来，祖父罹患癌症，那是我人生中极其艰难的时刻。得知噩耗之后，十二岁的我在洗澡时跪下来哭着祈求上天能让他好起来。我当时并不明白，那是我在人生道路上承受更多情感伤痛的预演。漫长的三年过后，祖父终于放弃了他与癌症的战斗，而我自己的人生战斗才正要开始。我周遭的世界似乎分崩离析。家族的主心骨消失不见，强烈的失落感跟了我好几年。

我住在墨尔本郊区一个以工人阶层为主的社会，自以为成功的机会不多。于是我对这个世界的愤怒开始逐渐累积。我选择逃跑，不去面对，到处惹麻烦，差点就被退学，还跟人打架打得很凶……反抗、缺少对他人的尊重，这成了我的处事方式。

当时，朋友们看起来很关爱我。我们整晚整晚地混在破烂的地方，满脑子想着接下来要怎么做才能找到乐子。我们毫无顾忌地闯祸，即便要挑战权威也没有任何畏惧。我犹如处于通往自毁的单行道。其实，我在做的事情并非我所愿，我一直以来都很清楚，可还是照做不误。我想，自己只是为了获得关注、接纳、赞美和认可。

我的老家附近有一座桥，我总是透过窗望着桥沉思。当时我只有十四岁，却会在车子驶过时，分析那些车子和车里的人。我觉得很奇妙，每个人都沉浸在自己的世界里，朝自己的目的地驶去，可是我们全都是这同一个"大世界"里的一分子。奔驰车后面跟着老旧的丰田汽车，我努力想着局面为何没有反转。前头那个女的开好车，后头那个男的开破车，为什么？是运气吗？我心想："可是我们都在同一个世界里。"我会想，开奔驰车的女人是不是真的比开破车的男人更快乐。我对人类的情感和不同的生活方式好奇起来，不过更好奇的是问题背后的答案。我们的人生对我们的感受有何影响？当时，我只不过是天马行空乱想，但那样的好奇心却一直留存下来。我向来都觉得自己想要给这个世界带来一些影响，殊不知自己的行动一直在给世界施加影响——人们往往没有意识到自己的力量，无论那力量是好是坏。

几年过去了，事情没有什么变化。我遇到了一个女孩，她跟我交往了三年，我的快乐都是因为有她的存在。刚开始，一切都很美好，接着，我们的感情产生裂痕，我的人生也跟着崩溃。我们无休止地吵架，事情变得一团糟。后来，我们的感情触礁，我发现她出轨了，这让我倍感空虚。

我吃不下也睡不着，满脑子都是自己正在经历的深深的痛苦。我觉得自己的人生跟她好像还没完，我告诉自己，我需要她才能活。再后来，我们尝试过复合，可是一阵子过后，感情开始淡了。跟她复合以后，我自欺欺人，以为自己需要知道她还爱我，借此获得慰藉。我现在才明白这是自私的行为。当时的我试图保护自己，决定跟她分手，这是我人生中最困难的决定。回首过去，我觉得自己其实并没有去爱真正的她，而是用她的存在来填补我的情感缺口。

跟前女友失去联系后，我也跟心目中自以为的快乐失去了联系。我再次开始寻求外在事物填满内心的空虚。我开始过着昏天黑地的生活——抽烟、酗酒、用药。当时我在大学里念商科，可是我知道那不是我人生想要的。某天，我跟其他三百名学生坐在课堂里，满脑子想着，到底要怎么样才能跟这些人竞争，争取一份自己并不想要的工作。我知道自己有两种选择：一种是留下来，过着我永远都不会快乐的人生；一种是在根本不知道自己想做什么的情况下，大胆地放手一搏，跳入未知的世界。

于是，我站了起来，拿起书本走了出去，从此再也没有回头。爸妈希望我完成学位，可我知道自己不想依照社会的期望度过一生。虽然对于自己真正想要的人生并没有清晰的愿景，不过我知道自己再也不想像之前那样生活。

我开始在一家营销公司工作，后来离职跳槽到了另一家。这两份工作我都莫名其妙做得很出色，而且才刚做六个月，就被升为公司里最年轻的销售培训师。只是有一个问题："它没有带给我满足感！"

在这段时间，我跟哥哥合伙，开始从事服饰进口生意。我还是不确定自己真正的热情所在，没有百分之百投入。我努力工作，却只是努力在赚钱而已，我以为赚钱就会快乐。

当时即将年满十九岁的我，坐在飞往意大利的飞机上，读着商业谈判书籍，这可不是一般青少年会做的事情。我往飞机窗外望去，想着自己的人生在往哪里走。这一切到底是什么？这一切到底有什么意义？我到底在这里做什么？我没把太多力气花在思考这些问题上，我以为时间就该花在更好的地方。我现在明白了，当时的看法自以为是，与真实相去甚远。我并没有思考那些问题的答案，而是在心里演练着自己走进会议室、被各国商人包围、达成最好的交易的画面。我紧张不安，同时也十分兴奋。我知道自己绝对不要过着屈就的人生，我要成为自己梦想生活的主人。

到了二十一岁，我为了做生意，去了欧洲五趟。每当跟人说到这件事，我总是装出快乐的表情，从而获得一些满足感。我以为炫耀那所谓的精彩生活，就是找到了快乐。每当有人问我最近怎么样，我都会说："人生很美好。"但那些人不知道我其实已经药物成瘾、感情失败、濒临破产，不管在心理上、情感上、精神上都筋疲力尽，茫然得不知所措。

这情况谁一直都很清楚呢？是我，我在骗自己。我知道自己迷失了，我呼喊着那个连我自己都没有感觉到的、也不了解的神，请神为我照亮前路，指引正确方向。我有没有怀疑过神的存在呢？当然有，尤其是处于那么低潮的时候。可是，我还能找谁呢？我全副身心都已经投注在了那些我自以为会带来快乐的事物上。

一个特别的晚上，我想我已经来到了人生的最低谷。在用药之后，我已经四十八小时没睡了。我的精神和体力都已经透支到了极点，没有任何语言能够描述我内心的那种空虚。我的脑海中闪过这样的念头：到此为止吧，人生已经彻底无望了，我多么希望地面能够突然裂开，把我给吞噬。我孤独地待在卧室里，对周围的一切彻底麻木，我想着如果自己死了事情会变得轻松，因为生活似乎已经反转无望了。

　　一种深深的悲伤和恐惧笼罩着我，我就像一个被锁在黑暗房间里的孩子，但当时的情景比这糟糕一千倍。然后，我崩溃了，跪下来向上天嘶吼："该死的神啊，你现在到底在哪里？"我绝望地抽泣着，泪水模糊了双眼。透过泪水，我看到镜子里的自己也随之扭曲变形了，但当我擦去泪水，镜子里的脸却变得比以往更清晰了。

　　忽然，一道直觉的光，或者说一念醒悟闪过了我的脑海。我在镜子前伫立了许久，意识到我心中的自己一直都站在那里，不曾改变。于是，我的旅程开始了……

目　录

第 1 步

自我探索
——找到适合自己的赛道

01. 我是谁？我想成为怎样的人？

所谓愚昧，就是用同样的方法做同样的事情，却期待不一样的结果。

——爱因斯坦

扪心自问

在我们的一生中，需要时刻做好改变的准备。改变，也许是出于感情、职业、生存环境的需要——生活一直在改变着我们。我时常会问自己："我现在过得开心吗？满足吗？或者迷茫吗？"往往，我只听到内心给出负面的回答。

我们很多人终其一生都在同一条轨道上绕行，很少做出真正的改变。一方面，是没有强烈的信念，只会在落寞的时候不断反问自己：我就只能这样了吗？另一方面，却是不知道要怎么改变。

你可以看二十次换汽车轮胎的教学视频，但除非动手去做，否则你永远学不会。我们常说："我终于没有成为自己想要成为的那种人。"如果你只是"想要成为"，而不去"做"，你终将无法成为"那种人"。

诚然，当我们遭遇困境时，我们总会怀疑自己。如果这样，请避开以下问题：

为什么我做不到？

为什么我那么倒霉？

为什么这种事总是发生在我身上？

为什么我不能像别人一样享受生活？

为什么只有我一个人要去面对生活中那么多的困难？

我只能这样吗？

很多时候就是这样：

当你改变了你的思维方式，你的感受就会随之改变；当你改变了你的感受，你的行为就会随之改变；当你改变了你的行为，你的生活也就发生了改变。一切始于改变……

我是谁

> 容纳不了质疑的内心，只能充满痛苦。
>
> ——拜伦·凯蒂

我们需要的是能够激励自己的问题，而不是那些让我们觉得自己无关紧要、一无是处的问题。我们要想清楚"我是谁"。无论去过哪里，经历过什么，都要问自己究竟是怎样的人。当有人问你"你是谁？"时，只有内心想得足够清楚，才能给出准确的答案。

你可以问自己这样一些问题——

我是否充满爱心？

我是否待人有礼？

我是否慈悲待人？

我是否慷慨大方？

我是否诚实守信？

我是否常怀感恩之心？

当然，人都有无法表达自己真实感受的时候。比如说，你知道自己实际上是关爱他人的，但因为偶尔的自私就开始自我否定。对于上述这些问题，如果你给出否定答案，只是因为你习惯于用消极态度去面对一切，尤其会用最糟糕的方式看待自己。不要只把重心放在自己的缺点上，要善于发现自己的优点，让自己多一些正能量。你拥有越多的正能量，你的动力就越充足，也就更容易被自己鼓舞。

如果你认为自己确实能力不足，可以问自己："我要怎么样才能成为那种积极向上的人？"这时，答案就会纷至沓来。我们的难题不在于知道自己是怎样的人，而在于有勇气表现出自己就是这样的人。

我们每个人都有两个"自己"，一个是"Me"，另一个是"I"。"Me"是我们的社会标签，例如，我在生活中的身份可以是朋友、儿子、兄弟、作者等，事实上，这些都只是我扮演的角色。可是当我独自一人时，所有的标签被摘掉，我重新变回了自己——"I"。别人不一定了解真正的我，也就是"I"，所以有时我们觉得这个世界让人触不可及。可是，别人没有义务一定要了解你，只有等到你勇于主动向别人展现出真正的自己"I"（而不是"Me"），你才会对生活重新充满热情，你才会获得更多正能量。

曾经，当压力迫使我选择某个身份并坚持扮演那个角色时，我会对自己有一定的期许，但这样的选择无法使我开心——难过时，以为自己必须快乐才行；怯懦时，以为自己必须勇敢才行；脆弱时，以为自己必须坚强才行。最终，却只能接受自己是一个容易难过、有点怯懦和软弱的普通人。但真正的自己就是这样，必须承认自己只是个普通人！勇于承认并直面这一点，自我内在的美好特质会自然无拘束地展现出来。

下面这些问题也许会改变你的生活，请认真思索。

1. 用五分钟时间，思考前面提出的"我是否……"的问题。这些问题都是改变人生处境的问题，请写出答案。

2. 把前面问题中的"我是否"改成"我是"。

3. 花几分钟时间，回忆你刚才写下来的"我是"。闭上眼睛，在心里默念，或大声说出来。我们通常因为不了解真正的自己，才会否定自己。做这个练习可以帮你正视自己，并坚定信念。别忘了，在说出每个"我是"时，要把注意力放在自我感受上。

这个方法并非凭空捏造，而是经过实践得出的有效方法。我曾把它用在我认识的一些颇为成功的朋友身上，效果显著。所以，无论你遭遇了什么，每天起床后都要自我肯定，它可以让你坚定信念。

上面提到的这些"我是……"，只是抛砖引玉，你肯定能找出自己身上更多的优点。当你找到了足以呈现出真正自我的优点时，就说明你可以对自己进行适当的评价了——我是谁？

"你是谁？你真的了解自己吗？"

几乎被我问过的每个人，都抵触这个问题，"我当然了解自己！"

真是这样吗？

大部分时间，我们按照自己认为必需的方式行事，而不是遵循我们的内心。我们会在意别人的看法——他们会怎么想？他们在看什么？他们为什么会笑？我该如何与他们融洽相处？我要怎么做才能给他们留下深刻的印象？

在意他人的想法是天性，然而，我们必须成为什么样的人，还是成为真正的自己？这两者是不一样的。

人们只会记得你是谁，而不会记得你拥有了什么。

不断追问

对于人生，我们只能以负责的态度来对待。

——维克多·弗兰克尔

对于生活中你所做的决定，你都可以质疑，问一问自己为什么那样做，不断追问，直到听到最真实的答案。不要浅尝辄止，要继续探索，深入提问。

有一次，朋友问我是不是很迷茫，因为他看到我在屋子里走来走去，一脸茫然的样子。我说："我并不是茫然，我是在寻找答案。" 在我决定做出自我改变的时候，我开始对人生中的每件事情都提出质疑。最初，你触碰到一些答案可能感觉很不舒服，或不愿面对，因为你的自我意识会试图阻止真相的出现。但一定不能放弃，并且要尽可能多地对自己提出问题。

你必须提出一些对你的生活有所帮助的问题。当然，对一些问题，你可以张口就来，但撒谎会让自己感觉很糟糕，因为你对这个答案并不满意，这个答案不是你内心正确的答案，你因此缺乏成就感。于是现在该提出下一组问题了。请谨记在心，你可以在清单里再增加下列问题：

一个有爱心的人真的会评判他人吗？

我是否足够尊重自己，从而做出改变？

我现在所做的事情是体现了真实的自我吗？

当某种情况发生时，我对自己是否诚实？

当自己做的某些事情被误解时，对于活着并且有机会再坚持下去，我是否心存感激？

我是否花时间真正专注于改善自己的生活，即使一天只抽出 15 分钟？

我是否经常把注意力放在人生最糟糕的一面，而不是最美好的一面？

三年来，我每天吃药，并且围绕用药的理论建立了一些扭曲的信念。我试图让自己相信药物可以使自己获得快乐，变得社会化。但是，那并非事实，可是我不愿意深究。后来，我明白了，我逃避的是对未知的恐惧。我不让自己看清真相，自我麻醉在药物带来的一时快乐中，直到我经历了一系列深入探究后，事情才有了变化。我开始自问，用药真的能让我变得快乐吗？应该吧！这还不算是肯定的答案，于是我继续提问。用药只能让我获得短暂的快乐，可是接下来的几天就感到厌恶，那样真的快乐吗？答案是否定的。

另一个问题是：用药会阻止我获得真正想要的东西吗？是的。我想要有所成就，想要与人相处融洽，想要身体保持健康，但是用药却阻止了我获得这些东西。

我在这个过程中毁了自己一生，这真的是社会化吗？不，那我该怎么办？我想和家人建立一个更好的关系，这样我就可以和他们有更多在一起的时间了。

于是，之后我开始花更多时间跟家人相处，久而久之，我变得喜欢跟家人在一起。对于人际关系、我认识的人、我所处的境况以及我的工作，我都运用同样的方法。我质疑自己人生中遇到的每件事，拷问真正的自我会怎么做。我得到的答案是我的人生没有哪个方面有所改进，于是我清楚地知道自己必须洗心革面，全面做出改变。我现在正在处理的答案将有益于我所进行的每一步。如果我立即去改变一切，我的人生就会一帆风顺吗？当然不是。问题会一直不断地出现，现在这样，将来亦会如此，直到我离开这个世界的那一天。不仅我一个人，每个人都是这样度过的。

你必须在整个过程中保持坚强，你可以通过与过去的谎言对比，来衡量你得到的答案（你的新信仰）。通过对比，你会发现自己是如此厌恶以前的习惯，进而产生良性的挫折感。

如果你很想对着镜中的自己大喊，那就喊吧！我是这样做的——不断地对自己重复说："那种生活正在摧毁你，你在任何情况下都不能回去,明白吗?明白。"然后我会重复"你现在过的是更好的生活,你现在过的是更好的生活"等等。如果你发现自己正在与一些旧习惯抗争,我希望你能大声说出来,尽量让所有人都知道。另外,你可以随时告诉别人关于你的改变。我记得决定开始戒烟那天,我告诉了我能告诉的所有人。每当我开口说戒烟的事情的时候,就觉得十分开心并且为自己感到骄傲。我明白,如果我又开始抽烟,大家肯定会觉得我这个人做事没有毅力,而且更重要的是,我会自己看不起自己。

我一遍又一遍地告诫自己:"又开始抽的话就不会有成功的人生。"这种信念一直支撑着我。每次一想到烟,我的脑海里就会出现有害化学物质吞噬掉了身体的画面,那种画面让我反胃。虽然这种方法听起来很极端,可是想到抽烟对健康造成的莫大影响,这种方式算是很不错的办法了。

改变是否能够成功,关键是你有多想做出改变。

如果我告诉你,你可以为自己人生的方向掌舵,获得更多的成就感,你愿意吗?如果答案是肯定的,那么你就承认了你的生活中有一些领域正在被你毁灭。没有人真的想毁了自己的生活，即使他们这样做了，也并不意味着那就是他们想要的……

我得到自己想要的了吗？

当大多数人质疑的时候，他们都问得不够深，甚至故意忽略了他们心里真正的答案。

我们准备好进入下一组问题，这些问题可以帮助我们了解自己想要的东西。我们需要提出一些问题，这些问题可以评价我们的思维模式和我们建立的信念，这样，我们就可以制订一个战略计划来改变不如意的生活。如果我们不提问，就得不到答案，也就不清楚自己到底想要什么。下面的问题看似很宽泛，但只要坚持练习提问，它们将变得越发具体。

我是否想要拥有自己的事业？

我是否想要和另一个人共度余生？

我是否想变得健康？

我是否想改善自己跟家人的关系？

现在进入下一步：

我该怎么做，才能得到某个人的青睐？

他／她会愿意和那些在前面"不断追问"中，不能给出肯定回答的人在一起吗？

如果人们经常想着自己是多么懒惰，会获得成功吗？

如果我天天喝酒，我的身体会健康吗？

吸烟有害健康，甚至导致癌症，我吸烟会影响我的孩子或其他家人吗？

我对生活的态度会改变我的生活吗？

如果我继续以同样的方式思考、说话和行动，我的经历和感觉会不会有所改变？

如果我对"不断追问"部分中的一些问题，不能给出肯定的答案，这将对我的生活以及我最爱的人有哪些影响？

不要总想着生活给予了你什么，要想想你是用什么态度来对待生活的！这种转变可以让你清晰地认识到自己不是命运的受害者，而是命运的创造者。你必须仔细想想自己现在的处境，并说出真正的自己与你现在的处境是否一致。然后，你必须对所有导致你处于目前这种状况的行为负起全部责任，因为没有人能替你思考、说话、做决定。对自己目前的处境越是推卸责任，就越是难以认识到自己真正需要改变的地方。一旦承担起责任，我们就能够确定一个计划，改变成为我们想要成为的样子。

试想你是一名乘客，正坐在汽车里。汽车行驶在高速公路上，在拐弯时处于超速状态，这让你感觉到汽车可能会失去控制。司机却不知道你害怕什么，因为这对于他们来说很正常。当你的生活中充满借口时，似乎所有人、所有事物都在控制着你的生活。当你觉得生活失去控制时，你会感到莫名的恐慌。

如果你没有处于自我成长的模式中，那么你就是在进行自我毁灭。承担责任意味着掌管你的生活，请自问，"我在哪些方面还可以做出改变？"

你必须对自己的生活提出质疑。只有不断地质疑才能带来巨大的改变，因此你必须深入探究，直到发掘出真实的自我。如果你对某些事情并不确定，一定要找到核心问题所在。你可以接受那些带给你正面影响的人的建议，但是自己也要有所判断，不能一味地依赖别人。了解你的终究还是你自己，只有你知道什么对你是最好的。照顾好自己，不给别人添乱，就是对别人最大的帮助。

改变你的方向，也许只需要一分钟的时间，一个决定就能让你迈向理应达到的卓越境界，独一无二的人生能让你心中所想变为现实。

问题的解决

当我告诉人们在这本书出版的前几年，我经常吸食毒品，生活没有方向感时，你可以想象到人们听说这件事情时的反应。然而，事情是会变化的，我的变化并非一夕之间发生的，但当一个人致力于养成一个良好的习惯时，花多长时间已经不再重要了。我记得在我快要完成这本书的主要内容时，需要找一位编辑来帮忙。可是，几乎所有和我聊过的人都无一例外地拒绝了我。他们连我的钱都不拿！他们告诉我，我应该改行，这本书唯一的亮点就只有书名而已。当我和最后一个编辑通完电话，我彻底崩溃了。写作这本书我用了三年，那些有经验的编辑却叫我放弃。我把电话扔在家里，去了附近的公园。我情绪激动，使劲奔跑，跑到恶心呕吐。但是我不知道还能做什么。

当我回到家后，事情又发生了变化。一股新的力量涌上我的心头。没有人会改变我所知道的。我的作品都是我内心深处最真挚的表达，所以，也许会引起大家的共鸣。我的意图很简单：出书不是为了去做演讲，不是为了证明"我是一个作家"，也不是为了挣钱。这本书唤醒了我，这是我的灵魂所传达出来的信息。

对于那些编辑的批评，我用积极的态度去面对，并且花了一个星期的时间对这本书的内容做出调整。几年以后，这本书在美国、澳大利亚、英国、法国、意大利、德国、加拿大等国家的亚马逊网站，跻身心灵励志类畅销书第一名。现在，我收到了成千上万封来自世界各地的读者发送给我的电子邮件，邮件中讲述了他们的故事。这本书甚至被世界上最大的出版商企鹅兰登书屋选入其 Harmony 书系。说这些并不是为了自夸，而是希望正在读这本书的你也可以通过自己的努力，改变自己的人生。

永远不要放弃自己真正想要的！

曾经有很多人问我："你改变的主要方面有哪些？"我告诉他们，我一直在努力解答五个问题。当然，这还远远不够，可以使你的人生发生改变的还有很多，但是这些问题可以帮助你瞬间改变方向。

当你仔细阅读下面的每个问题时，请费点心思去思考。不要着急，要集中精力用心寻找答案。这些问题足以改变你的人生。

1. 你每天前进的动力是什么？你所做的每个决定的依据是什么？

2. 你今天要做的和昨天有哪些不同，这些最终会塑造你明天的样子吗？

3. 你今天要做的改变人生的决定有哪些，而那些决定会带来你非常渴望的结果吗？

4. 什么事情可以带给你源源不断的快乐，并且足以改变你的人生？

如果你没有得到肯定的答案，请你更加用心地思考。第 1 题的答案可能是：想尽力给子女最好的生活；想使自己成为最优秀的人才；想拥有掌控人生的能力；想对他人有所贡献；想拥有成功的感觉；想拥有健康的身体；想拿个奖杯……

这些肯定的答案会是你前进的巨大动力，因为情感先于行动。如果你回顾这些答案，很快你又会感受到一系列其他不同的情感，这些情感将成为你接下来做决定的基础。

以下是第五个问题（可据此想出很棒的解决办法）：

5. 我要怎么做才能——

变得身体健康？

吸引我梦想中的另一半？

获得人生中的冲劲？

敦促自己更加努力？

买到那辆车？

掌控自己的人生？

　　提出"我要怎么做才能……"的问题，选择的范围就会扩大。你会发现灵感无处不在，哪怕是在出门散步、购物、开车上班等日常活动中，也都会有灵感闪现。各种迹象开始神奇地冒出来，其实你对这些场景很熟悉，只是现在你的大脑才开始留意到这些。你已经放大了大脑的图片框，因此可以增加更多图片。这些解决方案在此时此刻也许并不显得完美，但通过问这个问题，你将会不断地想出各种各样的答案。

　　所有的成功人士终其一生都在努力找出问题的解决办法。这个问题所引出的回答能够帮助你解决目前的困惑，不要说"为什么我没办法……"提出这种问题就相当于不断告诉自己你没办法创造出想要的人生。应该说"我要怎么做才能……"这种问题会迫使你想出一些能够推动你前进的办法。

　　接下来让我们进入一个大多数人发现自己正处于的一个"区域"。处于这个区域中还能快速转变心态，这对于创造一个值得追求的人生是至关重要的……

02. 改变，就得迈出"舒适圈"

生于忧患，死于安乐。

——孟子

你在生活中是否真的很舒服，或者你只是因为不相信自己能得到更好的东西而停顿下来？

我见过的大多数人都试图表现出他们生活舒适的一面，可是他们一旦真正敞开心扉，你就会发现他们似乎想要实现或者达到的目标还有很多。由此可见，他们生活得并不是很舒服。

每次有人问我生活得怎么样时，我都会用"不错"或"还行"来回答。你真正体会到很舒服的生活的滋味之后，你就会明白所谓的"不错""还行"的人生其实就是不够好。

人生是由我们做出的每个决定构成的，大多数人会接受"不错"甚至"还行"的人生。很少有人会承认自己生活得不好，以为掩饰就可以自欺欺人。但是，你必须承认：你无法躲避自己，不管你在哪里，你自己都如影随形。

现实是残酷的，大多数人对自己的生活并不满意。他们自以为是地认为目前自己所处的状态就是他们所能达到的最好的状况，并且接受了自己想要的目标永远不能达到这一现实。这是一种会令人沮丧的说法，我感同身受。因此，我想要穷尽一生把这个信息传递给大家。我想说的重点是面对事情时，不要逃避，要迎难而上，这是做出改变的第一步。

内省式的追问是个很好的开始，那些问题会引领我们正视现状。我们可以获得世界上的所有知识、拥有很多学位，还可以环游世界、说多种语言，可是如果没有真正了解自己，就永远无法实现自己想要的生活。

过去的事情促成了你现在的状态，你现在所做的决定将会影响你接下来的人生，这些是你所能获得的最大认知，它让你清晰地认识到你一直掌控着你的生活。对自己所处的状

态担负起责任，你就会做出必要的改变，从而把你的生活推
向一个新的高度。

不要一犯错，就掉进"放弃"的陷阱

在一段旅程上犯了错，是否就意味着要回到开始的地
方？答案当然是否定的，可是很多人在犯了错误后，却选择
了放弃。那么，为什么有这么多的人在创造美好人生的旅程
中变得灰心丧气？因为他们很少看到自己取得的进展，只会
一直留意哪里出了问题。

当自我探索的步伐一直在前进时，你就会感受到不要只
把某些信念和决定当成是错误的，这些信念和决定有时会帮
助你加快进步的速度。多种信念之间彼此有所助益，有相辅
相成的功效，全都有其存在的价值。

不管你把事情弄得有多糟糕，你都可以总结经验，从中
得到启发，因为变糟已经是不可改变的了。如果你觉得自己
这件事情没有做好，那么下次就可以换种做法。经常进行自

我反省，可以使自己变得更好。如果只是把心思放在那些已经变得糟糕的事情上，你的生活只会越来越糟。在自我成长的旅程中，个人的发展状况如何，完全由自己决定。如果你只是一味地在原地打转，坐享其成是不可能的。假如真的可以坐享其成，那拥有美好的人生就变得太容易了。

在这段旅程中，如果你足够用心，就会发现即使遇到挫折，自我仍然会得到成长。你必须具备一定的分辨能力，当你发现自己有负能量时，就可以立刻采取行动，帮助自己调整心态，恢复到积极的状态，不要总想着"那就这样吧"。了解到了这一点，你就可以帮助自己驱除种种负面想法。当然，也可以辩证地看待负能量，当你意识到某些想法是负面的，就意味着你需要做出改变，从而促使自我进步。要运用自己的智慧认清现状并改正，不要把自己困在负面的情绪里一味地怪罪自己，应该把这些经历当成是很好的学习和改变的机会。

不合理的地方也有合理之处

大家都听说过这样一种说法：大脑有时理性，有时会非
理性。当你能够察觉并且有能力对理性与非理性面做出比较
时，这就意味着你已经拥有了自我成长中最大的财富。即使
你已经找到了一些对自己有所助益的方法，但是在做决定之
前，你仍应该运用大脑的理性思维，帮助自己去权衡这个决
定是否正确。

有一次，一个朋友在"嗑药"之后，以为自己会失控，
让我去帮助他。到了他家，我以为最好的方法就是和他聊聊
天，让他保持冷静。他在药物的强烈作用下显得很无措，我
知道自己必须采取更强有力的措施才行。我问他要不要去阳
台上呼吸呼吸新鲜空气，他说如果那样，他怕自己会想不开
跳楼。

我知道此刻他大脑里的理性和非理性正在做斗争，我只
有换种方法了。我对他说，他目前的状况比我想象得要好多
了，这说明他一直在进步。但是他仍然觉得很迷茫，认为自
己非常糟糕。我告诉他，如果他真的不能自控，就不会求助
于我了，而是已经做了傻事；当他求助于我的时候，就表明

他还是有选择能力的，是可以自控的。我的话在短短几分钟内就起到了作用，他开始振作精神。

后来，他向我表示感谢，说他误以为自己控制不了接下来要发生的事了，而当意识到自己还有自控力的时候，他就开始和那个愚蠢的想法抗争。在他的眼里，他的自控能力提升了。

假如你还是不太清楚，那就让我们聊聊掌控力和日常生活的关系吧！当我们控制不了自己的情绪、所做的决定时，就会把责任推卸到和自身无关的事物上，但是那些真的是问题的根源所在吗？你真的无法控制自己的情绪及决定吗？其实，是你自己把快乐从身边赶走的，这些都是你自己做的选择。大多数人对于同样的生活却有着完全不同的看法。我们必须保持清醒：其实你一直都能掌控自己的生活，只是有时选择不去掌控而已。

区分出是与非、负面与正面、理性与非理性，然后利用这种能力来帮助自己。为了获得成长，就必须凭借自己的知识采取必要的行动。

顿悟时刻——改变人生的关键点

> 每天的收获，不在于摘得多少果实，而在于播下多少
> 种子。
>
> ——罗伯特·史蒂文森

在生活中，我们总会有一个时刻，感觉好像没有地方可去了。有些人甚至会遇到这样的情况：自己的整个人生都已经扭曲得不成样子了，而不仅仅是一个方面糟糕。我们似乎真的迷失在了生命的旅程中，我们感到绝望、没有方向。

如果你人生中偶尔或者总是处于这种境况，那么，我要告诉你，现在你的这个处境非常好！我知道，你看到这里时，也许会觉得我精神不正常，请耐心地读下去！

在这段生命的旅程中，你已经走了一段时间了，即使你觉得陌生，可是还得继续。你边走边唱，突然，你停下了脚步，并且终于明白，原来这段时间自己不小心走错了路。这时，你的脑子里会冒出许多问题，你开始心慌。可是，你很快就能清醒过来，意识到自己应该振作精神。如果你还没有意识

到这一点，就只能困在原地，直到死亡来临。

能够自我觉察是一个很好的表现，如果你从来没有过迷茫，又怎么会知道最后自己会成什么样子呢？你回首自己走过的旅程，即使有错也不会自责，因为这样只会让生活变得更糟。你现在要做的就是总结经验，帮助自己回归初心，抵达当初设定的目的地。

当一扇门被关闭，就会有另一扇门被开启；然而我们总是对着关闭的门发出感叹，却对打开的门视而不见。

——亚历山大·贝尔

如果你认为自己的生活正在走向低谷，也许真实的情况恰恰是相反的。事实上，你已经进入了一个不得不做出改变才能成长的阶段。大多数人会把这个时刻比喻为"谷底"，但是我觉得这种比喻是不恰当的，我称之为"顿悟时刻"。因为没有它们，你就不会做出那些足以改变你人生的重要决定。通常，在看起来最绝望、最痛苦的时候得到的信息才是最有价值的。

　　我认为，这个时候应该是有一种很强大的力量告诉我们——必须顿悟！顿悟时刻会迫使你重新衡量以前走过的每一段路程。如果你从这次经历中可以吸取教训，在以后的生活中，它也会提醒你每次做出决定之前，都必须要仔细想一想。

　　人往往是在最窘困的时候，找到人生的目标。为什么呢？在我看来，当所有的后路都被堵住的时候，才会、也只能义无反顾、勇往直前。

03. 感恩，会让你充满动力

从前，有个人总是抱怨自己只有一双鞋，后来他遇见了一个只剩下一条腿的人，他就不再抱怨了。

——我的祖父

常有感恩之心

不管你处于什么境况，只要你能拥有感激之心，你的生活质量就会提高。我们太执着于自己想要得到什么，被周遭事物所困，忙着上班、养育孩子、改善经济条件，却忘了应该拥有一颗感恩之心，感谢自己所拥有的一切。

此时此刻，如果真实的自我不能得到满足，又怎么能获得快乐呢？我是想说，就算我们可以源源不断地挣到很多钱，可是我们仍然会觉得不满足，甚至感到空虚。这个道理也适用于我们生活中的各种情况。如果我们不用心去感激那些重要的东西，就会一直沮丧。我们都是平凡的人类，渴望拥有各种东西，这并没有错，可是我们不能忘了应该一直拥有一颗感激之心。

有一天，我意识到自己缺乏感激之心，于是就告诉自己（直到现在每天都会说）："智者从不沉溺于自己没有的东西。他在追求他想要的东西的同时，仍然对他已经拥有的东西一直怀有感激之情。"

所有的事物都蕴含着同样的道理：如果我们不去使用它，就意味着我们失去了它。问题在于大多数人不会提醒自己应该去热爱生活，所以他们就忘记了生活的美好。相反，如果他们不断地练习如何厌恶生活，久而久之，就会变得熟能生巧！

唯一能让我们感到满足的便是心怀感激之情，承认我们拥有的一切都很美好。当我问别人，他们认为生活中最重要的事情是什么时，名列前几名的答案通常有家庭、朋友、信仰，甚至是活着。你同意吗？这些生活中最重要的事情，值得随时提醒自己。

可是，为什么我们没有随时提醒自己呢？假如每天都只记得在黑暗中寻找些许快乐，就会忘记快乐其实就在身边，只是我们忘了对已经拥有的心存感激。忽略了已经得到的东西，就是你不能获得快乐的根源。希望你用心回答下面这个问题——

你生命中最重要的是什么？

最大的感恩不是用语言去表达什么，而是怀着感恩之心去生活。

——约翰·肯尼迪

感恩是一种内心深处的最根本的感觉，可以让人们放下自我。你有多少次想告诉那个你真正爱的人，你有多感激他为你所做的一切？我可以肯定地说，你心里想表达你的感激之情的次数比你实际做的要多得多。根源就在于，你的自我阻碍了你的行动。有个人嘲笑我说，他才没有这样。我告诉他，他这样说就已经证明他有很强的自我了。每个人都有自我，如果没有，就说明他不是人类。我们经常会感受到内心的爱，希望自己不要吝啬于把爱分享出去，同时不会感到尴尬。如果我们经常怀有感激之情，就会习惯去表达爱，也会收获爱。这种感情看不见摸不着，却令人愉悦满足，是力量所在。

心怀感激之情，对于取得成功也极其重要。我们要有效地运用时间，走好每一步。为了避免不断拖延，我们应该对自己所拥有的时间心怀感激。我们要为自己负全部的责任，做出的每次决定对我们的成长都会有所帮助。更重要的是，我们开始欣赏真实的自己，给自己信心与尊重，这些都可以帮助我们走向成功。除此之外，感激之情还会帮助我们用更宽广的胸怀享受走向成功的过程。我们抱着"没什么好失去的，就意味着什么都能得到"的态度，于是，我们信心倍增。

对于多数人来说，有一些心理和情感上的障碍限制他们发现自己潜在的能力，但是经常心怀感激之情有助于瓦解那些障碍。心怀感激之情，能够让你内心充满爱，让你更加充满活力，生活也更加快乐，这对于成功来说是至关重要的因素。如果你开始热爱生活，就会接受生活中所有的不完美和不确定。想要掌控你自己的生活，常怀感激之情是关键。在日常生活中，养成一个简单的习惯，也许就会给你的生活带来巨大的改变。没有感激之情的成功根本就不是真正的成功！

04. 信念，决定你能获得什么

我们能得到什么和我们想要什么，其实都隐藏在我们的信念之中。

信念是什么？

不久前，我听到了一个故事：两个兄弟都由家暴又酗酒的父亲抚养长大。多年过去了，一个兄弟有一个充满爱的家庭，并且非常富有，他开始享受生活；另一个兄弟成了一个酒鬼，在监狱服刑。

一位大学里的调查员发现了这种情况，他决定采访这两个兄弟。他让这两个人分处于不同的房间，对他们提出的问题却是一样的："你的父亲家暴又酗酒，你现在的人生为什么会是这样的？"令人意外的是，两个兄弟给出了同样的答案："生活在这样的家庭，父亲又这样，你觉得我会有什么样的人生？"两兄弟经历相同，但是他们却用自己的经验，建立了不同的信念，创造出不一样的人生。一个把它看成宝贵的机遇，鼓励自己做出改变；另一个认为自己是受害者，并为此付出了惨重的代价。

　　不管遇到什么事情，这件事情的意义都是我们自己赋予的。我们所坚持的信念，创造了我们过去的所有经历。不管是哪方面，这些你所坚持的信念都可以作为改变的基石。

　　那么，到底什么是信念呢？信念一般是别人不停地给你的建议，或者是你一直坚持的想法。

　　我们会从广播上听到、电视上看到、亲朋好友那里学到很多看法。我们有没有认真想过这些看法来自哪里呢？有许多事情只是一个人的想法，当然，周围还有很多别的声音。但是，我们一定要遵从内心，坚持自己的信念。

　　别人的建议和信念也许会给你带来巨大的影响，并且成为你的信念的来源。我有一个朋友，他写的诗很好，但是一般情况下他不会把诗作拿给别人看。我有幸读过他写的诗，印象深刻。有一次，他把自己的诗拿给一位同事看，结果那位同事却嘲笑了他。他告诉我，有整整一年的时间，他没有进行任何创作，因为那位同事的态度让他受伤很深。每次他想要尝试着写诗的时候，大脑就一片空白。他开始否定自己，并且觉得自己永远不会成为一位诗人。

我们聊了一会儿，逐渐开始交心。最后，他终于认识到自己是可以继续写诗的。以前他经常写诗，现在不可能写不出来。我们需要做的就是找到他现在写诗变得这么困难的原因，让他一心想着必须怎么做才能改变现状。他试着写了一小段，这说明他是可以的。

假如我们都把自己的信心建立在别人的看法上，那么，就别指望自己会成功了！

我们很少用自己的信念去阻止自己的行动，但是，有时别人的看法却会成为我们的阻碍。我们每天在生活中做出的决定，也是和我们坚守的信念分不开的。下面是一些会妨碍我们人生前进的信念的例子，曾经我也有过这样的信念：

我不能和那些取得非凡成就的人一样优秀。

我无法做出改变。

人生就是经历苦难的过程。

所有人都不以礼待人。

我太倒霉了。

没人会需要我。

太迟了。

我年纪太小／太大。

我太没用了。

这种例子不胜枚举。

我们有时会相信并不是事实的事情。你听说过用语言去诋毁别人的事情吗？我们身边的朋友或者同事有时会污蔑别人，因为他和别人有过节。有时我们也不得不牵涉其中，被迫接受朋友或者同事的信念，觉得那个人不好。往往此时，我们也加入了诋毁他人的行列中，并且在大脑中虚构了一种场景。我们会说："如果他也那样对我，我就会揍他。"整个状况就会变得很奇怪了。而事实经常是，当你接触过那个人很多次后，会发现对方其实非常好，你甚至会为对方出头，这时，你曾经的信念就会被否定。

事实上，我们有能力让自己得到我们想要的任何东西。这不仅仅是一个信念，而是有科学依据的。这些信念决定了我们所感知的现实。

建立信念

信念其实就是观念的重复。我们从某种经历中总结经验，建立一种观念。例如，失恋后会认为自己是讨人厌的，不论是心理上还是生理上都会发生变化。我们秉持的某种想法，一再被重复，最后这种想法就会被打造成一种信念。这时，我们所说的话以及外在表现都会按照自己所建立的信念做出调整。

例如，一个人的另一半经常不尊重他，他每次和别人说起来的时候，语言都很消极，甚至表现出厌烦。到目前为止，这段感情已经有了污点。下一次，当他看到一对幸福的情侣在公园里亲吻时，他会把之前的消极信念转移到这里。情侣亲吻本来代表着感情很好，但对这个人来说，这种场面是痛苦的。

也许你听说过我们不能刻意去建立一种信念，其实这种说法是不正确的。有些人觉得生活中有很多事情都是自己做不到的，实际上，只要你愿意把所有的精力都放在那些事上，就会发现自己是可以做到的。也许，你可能不相信你能离家那么远、远离一个人、建立一段关系、挣很多钱、克服恐惧、打破一种习惯。但当你让自己相信你能做到的时候，你就会坚定地做到了。

你生活中所有的信念都是由你自己建立的。也就是说，你有能力创造并且建立可以永远改变你人生的信念。其实，建立信念根本不需要很长时间。为了加快这个过程，你必须有力、专注和坚定。比如，当你说"那件事情我办不到"或"我做不好那件事"时，一定要马上换一种说法。一定要信心十足，用自己的全部能量努力去做好。要反复告诉自己："我能做到，我能做到，我能做到。""没有什么是不可能的，没有什么是不可能的。"

　　我学跆拳道的时候，每次做出高强度的出拳或者踢腿动作时，都要大喊一声，以便能够拼尽全力。践行信念的时候，一定要全力以赴，这样，整个人的状态都会不一样。我为自己的人生和取得的成功坚定地树立了一个个信念。那些信念不是偶然得到的，也不是凭空出现的，而是通过总结经验变得根深蒂固的。我非常清楚，如果想有能力掌控自己的人生，就一定要刻意去建立某种信念。当你重复得越多，你就越会相信它！

　　理解我们所创造的一切是非常重要的。我们必须从精神上、语言上和生理上做出调整，以建立新的信念。建立这些信念的最有力的方法就是认可自己所做的一切。例如，堵车的时候，你坐在车里耐心地等待。这时，你要肯定自己的忍耐力，并为自己感到骄傲。这个方法适用于我们生活中的每一个领域，是决定我们将成为谁的一个非常重要的工具。

　　建立信念并使信念得到巩固，不断强化是关键。那些取得非凡成就的人都知道，坚定的信念可以创造出人生美好的前景。

练习

回答下列问题，尽量想出一些坚定有力的信念，越多越好。

为了得到我想要的东西，我必须相信什么？

例如：我想保持健康的身体。

新信念：我承诺想过一种健康的生活方式，否则我将永远得不到我想要的生活，永远得不到我梦寐以求的那个人。保持健康是我生命中最重要的事情。如果我不尊重自己的身体，就永远不会尊重自己的生命。

要有创造力，充分调动想象，信念是你自己建立的，这些信念正在书写你的经历。

写好自己希望建立的所有信念之后，尽可能地去强化。每天面对事情的时候，一定要重复那些信念，让它压倒你旧有的信念。过一段时间，你会看到，旧的信念在减少，新的信念会变得更强。你想的是什么，你就会相信什么；你相信什么，你就会创造什么。

绝对信念，化想象为现实

我们还必须建立一个被称为"绝对信念"的体系，有助于你在大多数人不认可的情况下取得成功。人类在创造某种事物，并且还没有成功之前，大多数人都会认为这是不符合现实的。谁会想到我们能用一个和我们手一样大的东西和相距半个地球的人说话呢？美国工程师珀西·斯宾塞博士通过自学发明了微波炉，如果告诉三百年前的人，以后的人类不用烧火就能做出好吃的食物，他们会有什么反应呢？人类登上月球，又返回地球；看得见千里以外的人，好像和对方面对面一样；还能用无线网络查看本地电影播放的时间。有线网络已经让我感到非常惊奇了，无线网络的到来更使我觉得不可思议。

现在，请睁开眼睛看看你周围的事物，你就会发现这一切肯定是某个人或某些人用心创造的场景。你在脑海里先浮现出某种东西，然后把它创造出来展现在你的眼前，你知道那有多令人意外吗？你会觉得这些都不现实。最简单的答案就是，它以意愿为开端，然后由信念系统作为支撑；意愿创造出信念，信念一旦被建立，再通过一定的实践转化为现实。我们没有办法解释这种现象，毕竟它太神奇了。但是这并不代表我们不会把它付诸实践。

下面的这些策略和简单的实验或许会对你有所帮助——

1. 想象：闭上双眼，想象手里拿着一张纸，上面写着你的名字。这个画面请在脑海里持续十秒钟。在脑海里看见你的名字，感受这张纸的存在。这些都只是存在于幻想中，请不要做出动作。

2. 行动：你看到那张纸上写了你的名字了吗？现在，拿出纸和笔，在纸上写下你的名字。

3. 创造：把纸放到眼前，用手去触摸它。现在，你看到了存在于想象中的纸是事实存在的吧？在你触摸到这张纸之前，它在哪里？你以为它只是你想象出来的东西，不是吗？

　　原本只是你脑海里虚构的场景，现在真实地展现在了你的面前。你可以花一点时间去体会一下这种能力对你的生活有多大影响。

　　我想让你回想一下，是不是当你真正感受到某件事物的时候，它就发生了？它可能是一辆新车、一套衣服，或是一个假期。曾经，我给一位年轻女孩进行辅导，她从来都没有意识到想象的巨大力量。有一天，我去她家，看见屋前停着一辆黑色宝马跑车。从她开门的那一刻，她就开始炫耀那辆车。我们坐下来聊天，我问她想买这辆车有多久了。她说一年左右。我又问她，开着这辆车，长发飞扬、有朋做伴、听着音乐的画面她想了多久？她搜集关于这辆车的信息有多少次？想象自己拥有这辆车有多少次？

　　她哈哈大笑，告诉我："就是这种情况，就像疯了似的。"她还说，她连做梦都想得到那辆车，一想到自己还没有拥有那辆车，就会不停地给自己鼓劲，告诉自己一定要买到。我告诉她，她有着可以把想象变成现实的强大力量，这种强大的能力，除了能帮她实现买车的目的，同样也可以在生活中的其他方面帮助到她，后来她也的确这样去做了。

　　用你想要的任何东西来实践这个方法，你就会意识到你已经创造了你的一生。人们问我，"我要做些什么才能像其他人那样在生活中创造事物？"我告诉他们，其实他们一直都在创造生活，唯一的区别就是他们不知道自己都创造了什么。如果想要得到某种东西，就必须行动起来。上面说过的那个纸张实验，如果手边没有纸，那就去找一张呗。每件事情都不会轻易就取得成功，但是只要努力，就一定会克服困难，变梦想为现实。我们生活的这个世界有太多的可能性，但是只有当你真的意识到自己有能力去创造一切的时候，你才会发现这种可能性。你会明白，只要有坚定的信念，并且努力去实践，就一定能够实现。其实，你想要拥有的，你都可以得到，只有你自己会成为你的绊脚石。

　　当你想到一件事，并且能够预见结果、相信自己一定能做得到的时候，那你就一定可以做到。很多时候，人们告诉自己"我不行""我做不到"，深究原因，有时是别人觉得你做不到，所以你就否定了自己，有时是还没开始施行就自我否定了。那些能够取得非凡成就的人，在做一件事的时候，会给自己找出很多那件事行得通的理由，他们深信自己一定能做到。只要自己深信不疑，别人就会跟随自己的步伐。

矛盾信念，让你掉入拖延陷阱

很多时候，我们都清楚自己想要什么，并且做好了计划，但是由于种种原因一直没有去做，这是为什么呢？"我不知道我为什么没有去做。"很多人都说过这种话。只要一想到自己想要得到什么，首先得付出某些代价时，很多人就退缩了。

当你在追求你想要的东西时，如果你想到必须为此付出代价，就很难把注意力集中在前面的旅程上。帮帮自己，不要总想着障碍，专注到你想要的东西上吧！

这个话题还引出了一个问题："当我们追求自己想要的东西的时候，我们真的会有所失去吗？"如果你只把注意力放在会得到哪些好处上，实际上你并没有付出任何代价。

在很多情况下，我们忽略了已经取得的成功，面对困难屈服让步，因为这样做会让事情变得简单且容易。多年之后，因为面对困难选择退缩，没有得到自己想要的东西，真的让我们的生活更容易了吗？现在，来看看一些常见的矛盾信念吧——

　　我想要另一半，但是如果有了另一半，我的自由就会受到限制。

　　我想要取得成功，但还是想睡到下午一点，慢慢地度过这一天。

　　我想要健康的身体，但是必须经受痛苦才行。

　　我想要做自己喜欢的事，但是如果我这样坚持了，父母就会认为我无所事事。

　　如果我变得富有，周围的人会觉得自己一无是处，并且不相信我。

　　我想要努力挣钱，却又害怕身边的人认为我做事只是为了挣钱。

我想要一段感情，但是什么都不想承诺。

我想要变得健康，但是却又想继续吃垃圾食物。

我想改变生活现状，但是希望朋友仍然爱我。

我想要挣很多钱，但是如果真的有钱了，也许我就会忽略内心感受。

我想要更健康，但是我还想抽烟、喝酒。

我想要创造自己的事业，但是如果事业不顺利就会很丢人。

我想要戒烟，但是又想通过抽烟来缓解压力。

我想要辞职去创业，但是如果我真的去创业了，人们会认为我不适合创业，创业会失败。

我想跟流浪的人聊天，但是如果旁边有人，我又会觉得不好意思。

我想要开始新事业，但是如果我这样做了，大家会觉得我之前的事业肯定失败了。

我想应聘更好的职位，但是怕被拒绝。

上面说的这些是我经常遇到的一些想法。这样矛盾的想法就好像是两种力量把我们拉往两个完全相反的方向。如此多的问题，要怎么做才能获得自己想要的？如果你发现存在上面任何一种情况，可以试试下面这些方法。

1. 辨认：找到矛盾所在，打破砂锅问到底。明确自己想要得到什么、又有哪些信念会成为你的障碍。上面举的例子可以作为参考。

2. 提问：要对你固有意识中的事物和想法提出质疑。对你来说，什么更重要？在你的生活中，哪些事情意义更大？哪些事情可以提高你的生活品质？哪些事情让你充满活力并做出改变？哪些事情帮助你进步？在两件事情中，你更重视哪一件？假如你放弃了那件会给你带来满足感的事情，你会快乐吗？哪些事情会对你的生活更有价值？对于自己害怕的事情，如果选择逃避，你以后的日子会是什么样的呢？做出某种决定，你会有什么感觉？选择你不能控制的事情，未来会不会影响你做的决定？你可以提出更多的问题。

3. 调整：在回答问题的时候，可以根据能让自己得到满足感的信念来找出答案。根据信念，不断调整自己，从而强化信念，帮助自己达到目的。这个时候，不会再有相悖的信念来影响你了，因为你已经战胜了它。

　　我们已经了解了信念会对人生各个层面造成的影响，同时也得清楚背后有哪些科学依据。

　　享受这个过程吧，事情会变得更加成功。

05. 习惯，让优秀成为日常

　　你这一生做的每一个决定，都会受到你是快乐、还是痛苦的感受的影响。对于人类来说，痛苦和快乐的感受非常重要。基于这些感受，我们做出改变，或者维持现状。

　　由于受自己想法和信念的影响，每个人所认为的痛苦和快乐是不一样的。我们在情感上的变化，可能会影响我们做决定，以至于改变我们的人生。

　　回忆一下，你所有的改变是情绪爆发的结果吗？这类似于摇动一罐碳酸饮料，然后突然打开它，罐内的压力导致汽水喷往各个方向。对于你想刻意去改变的事情，其实你都可以做到，只是有时候需要你给自己一点压力。

　　对于自己非常想得到的事物采取何种态度，完全取决于我们看事情的角度。不管是习惯、情绪，还是观点，如果想马上做出改变，就一定要看清这些会让你痛苦还是快乐，对你的生活会带来怎样的影响。

此时此刻，请你采取以下这些方法和步骤，来改变你人生中的某个坏习惯。

第一步　知道自己想要什么

比如，如果想戒烟，就告诉自己：我想拥有健康的身体；我是意志坚定的人，我可以做到这件事；我希望能掌控自己的生活，获得真正的成功……清楚地知道自己想要什么之后，一定要马上找到一件事去替代旧习惯，例如，如果不抽烟，我就要吃更多的青菜。不管你原来的习惯有哪些，一定要选择一件能够替代它的事情。

第二步　知道是什么在阻碍自己

当遇到挫折时，我们往往会犯下"把事情合理化"的错误：

合理化：比如，当你感情受挫时，你说："感情生活本来就是一团糟。"你表现得很平静，似乎感情变糟和你没有任何关系。短时期内，这种"洒脱"的态度会让你不那么"受伤"。但从长远来看，这会让你错失在感情中进步的机会。

你必须改变这种态度，可以试试下面的方法：

去合理化： "我难以跟别人建立稳固的情感关系。"

承担责任： "如果感情变得糟糕是由于我的问题，我应该做出改变。"

如果想长久地做出改变，我们就必须有担当。再以抽烟为例，若你是烟民，我让你想象一下抽烟的感觉，你肯定就很想抽烟，即便在你的视野中是没有烟的。那么，让你产生这种感觉的，是你的大脑还是烟本身？答案很明显，肯定不会是烟本身。关键问题是，你执着于抽烟带给你的那种感觉，而不是烟本身具有特别强的吸引力。同样是烟，有些人就会觉得反胃，因为他们和你的想法完全不一样。别的事情也是同样的道理——其实，任何想法都产生于大脑。

你只要能够担负起责任，并且承认那些想法其实都是存在于你大脑中的，就可以做出改变。

深入了解你的想法

一旦意识到自己想要的东西被某种因素阻碍了，我们就应该做一些练习去扫清障碍。你是最了解你自己的人，也只有你能够改变你自己，如果你没有采取行动，那么什么都不会改变。要想做到这点，最好的办法就是：观察当你受阻时，你会有什么反应，然后借此来打造新的反应模式。

要想养成新的习惯，就得反复练习，所以，从现在开始破除旧习。在旧有习惯占上风时，闭上双眼，想象你希望自己是什么样子的，创造出能够马上破除旧习的美好情景，这样，就会产生全新的情绪，推动你形成新的习惯。让我们再次回到抽烟的例子中，你想象着抽烟的感觉，然后对自己说："不可以。"你可以想象自己在拒绝抽烟后会有什么感觉，想得要尽量真实。你能感觉到自己更坚定吗？还是更有掌控力了？你拒绝抽烟以后会开心吗？你还会有哪些反应呢？……把这个过程重复 25 次，仅仅需要 5 到 10 分钟。这是一个非常好的开始。不要小看这种想象，它让你产生的反应就和之前对抽烟的迷恋是一样真实的。想要在心理上变得更加坚强，我们可以经常采用这个方法，反复练习。

第三步　直面自己的标准与价值观

你是什么样的人？你会给别人带去什么样的影响？你以什么为荣？或许你已经发现了，这本书一直都在重复强调一定要对自己真诚，而且这种真诚要与行为一致。人们都有自己的行为标准和人生价值观，我们要做的，就是让自己的生活尽力符合这个标准和价值观。不过，我们的习惯并不总是和我们的信念相一致。有时习惯性地做出某些事，会使我们更加崩溃，因为我们不愿看到自己违背信念。只有直面自己的标准和价值观才能掌控自己的人生。

设想一下你的愿望清单，并进行正确的分析。你写下的那些美好愿景，它们反映出了你本来的样子，还是你习惯中的样子？提问可以帮助我们转换心态，打破旧有的模式，这是一种特别好的方式。假如你在愿望清单里列出了想与妻子白头偕老，但是你认为抽烟更能使自己开心，那么，你必须对你所列的标准进行重新估量。你一定是因为爱你的妻子才在愿望清单里提到了她，不是吗？但是你觉得你是真的爱对方吗？经常抽烟可能会让你的身体垮掉，最后不仅自己痛苦，还会让家人受累，如果你真的爱你的妻子，就不会那么做了。

一个自重且会告诉所爱之人一定要尊重他们自己的人，他一定不会暴饮暴食，对吧？当你对你的人生价值观提出质疑，对自己想要的东西以及正在做的决定都进行了权衡时，你的行为就会发生很大的变化。

第四步　打破模式——激起热情，然后冷静下来

　　某种习惯对我的心理方面、生理方面、情感方面、精神方面，以及经济方面会造成哪些影响？这是一项需要你在自己身上探寻的任务。你知道"如果你不能忍受高温，就离开厨房"这句话吗？它的意思是，如果你缺乏勇气和胆量，那就只能做个胆小鬼了。现在，我们就要到厨房去。

　　小时候，你第一次被烫到的时候，会感觉很痛，你再也不想被烫到了。可现在，你知道这没什么大不了的。现在，让我们开始勇敢地挑战吧。在这个环节中，你一定要开始真正深入思考，提出问题然后追问下去。从根本上来说，我们要让你陷入极端痛苦的情感中，以此去中断你的坏习惯。同时，为了中断你的坏习惯，你一定要培养另外一种习惯来替代它。回到抽烟的例子，这另外一种习惯就是想象。你可以

想象自己在不停地走着，咽喉里就像卡着一根管子，想象自己好像得了重病一样。此外，孩子都还小，你发现自己让家人感到非常痛苦。再者，想象烟从嘴巴进入你的身体的过程，仔细想象烟是怎么"破坏"你的身体的。闭上眼睛，你脑海中出现的画面会令你作呕。

咽喉癌患者发出来的声音听起来就像机器人的声音一样。你可以想象自己用这种类似的声音说："我毁灭了我的生活，甚至伤害了那些我最爱的人。"感受你在情感方面和生理方面要承受的痛苦，然后把这种痛苦转变成你要改变的实际行动。这项测试重在情感的体验，一定要用心去感受，在大脑中想象自己在生活中放弃了哪些东西并造成了什么影响。一定要认清自己正在选择放弃哪些东西。

大幅增加影响力

在令人痛苦的事物和令人开心的事物中，人们的选择总是倾向于后者。只要我们觉得原来的习惯会让自己比较开心，我们就会延续旧习惯。如果想改变这种模式，一定要在每次重复旧习惯的时候，把它可能会引发的某种极端痛苦的情感和这件事联系在一起。这样一来，新习惯的养成就不会有太多阻碍了。

就是现在

当你的痛苦达到顶峰，你觉得自己快要大声尖叫的时候，你的旧习惯就会得到改变。那时你就可以停止想象痛苦的事情，开始想一些令自己开心的事情，比如，家人的笑脸、自己取得的成就、自己展现出的力量，还可以想象自己在公园陪着孩子玩，或者自己拥有健康的身体。这样会让你沉浸在愉悦感之中。

你也可以在大脑中随心所欲地想象各种情境。有些情境看似不可思议，但是能帮助你直面那些不良习惯、负面情绪等。想要成功地做到这点，你可以用一个旁观者的态度去面对这些情境。比如，当你开始想象某个不良习惯的时候，可以让画面翻转，再把马戏团的滑稽音乐加进去。然后重复想象这些画面，并且按照自己的想法加入更多可笑的东西。这种方式类似于把坏习惯的"盘子"摔到了地上，就算你有时想着"修复盘子"，盘子仍然会有裂缝，它再也回不到原来的那个样子了。对于大脑中原有的一些习惯，我们都可以这样去摧毁它。你会发现恐惧感消失得很快，甚至会变得开心。

第五步　改变大脑的"反射弧"

人往往会在受到刺激后自动反应。就拿抽烟来说吧，刺激物就是想到烟的这个念头，也可以是看到烟、谈到烟或者闻到烟时的想法。自动反应就是一想到烟就觉得很开心，然后就去点烟。如果你想改变，首先一定要打破原来的模式，进而强化新的反应。换句话说，也就是刺激物保持不变，但是我们给出的反应却会变得不一样。

通过这种方式，你就可以打造出新的神经网，而你的大脑也会强化这个新选择。我时常会把痛苦和旧习惯联系在一起，把开心和新习惯联系在一起。每次这样做的时候，其实就是把原来神经网的"绳子"抽掉，让新的神经网变得更加强大。用不了多长时间，当新的神经网越来越大的时候，原来的神经网就会慢慢被瓦解掉。你一定会发现，一直重复和强化新习惯，旧习惯就会在神经网中慢慢减弱甚至消失。

很多人在按照旧习惯做事时，心里想的和身体做着的习惯动作经常不一致。例如，你抽烟的时候，可能会想着晚上应该做些什么。而如果你想戒烟的话，每抽一口烟，就应该想到抽烟会给自己的生活带来哪些不好的影响，抽烟可能会让你放弃哪些有价值的东西。用自己的实际行动带来的影响去替代那些不切合实际的念头，重新调整神经网络。这个过程可能需要两三周的时间，当你发现自己面对旧习惯时的反应、想法、感觉在短时间内发生改变的时候，你会非常诧异。要得到自己想要的东西，这个阶段是必须经历的，而且是要坚持下去的。这种方法适合生活中的所有事情，对你做出改变是非常重要的。

第六步　把话传出去并加强新习惯

我们使用的语言非常重要，面对旧习惯时，说话的语气必须非常坚定。再次回到抽烟的那个事例中。如果有人叫你抽烟，你就马上说："有点反胃。"说这个话的时候，一定要很坚定，但是不要显得刻意。这样才会从生理上、语言上、心理上做出改变，走向新的世界。你可以告诉周围的人，你已经克服了恐惧症，改变了旧习惯。你说得越多，越会变成事实。有一点更为重要，那就是你会认为这件事的可信度提升了。

当我们决心改变旧习惯的时候，我们就必须长久地做出改变。我们必须对自己走的每一步都感到骄傲。拒绝抽烟、拒绝暴食，请好好体会成功带给你的成就感。要对自己说，自己的感觉非常好，并且要努力去放大这种成就感。奖励是一种手段，会对我们所做的事情有很大影响，你可以开始学习奖励自己，用奖励的方法来帮助自己。

第 2 步

改善心态
——积极地看待一切

06. 主动寻找正能量，生活会变得美好

　　我们经常在新闻中看到死亡、背叛、强奸、盗窃，以及其他负面的消息，这些都令我们感到震惊。但是，新闻上的事，是这个世界上大部分地区时时刻刻都在发生的吗？为什么不报道一些和我们日常生活有关的事情呢？比如，学习、购物、简单的生活。——如果是这样，新闻就不会有人看了。

　　当新闻给人们带来很多负面感受时，人们在茶余饭后讨论新闻，围绕着不安来安排自己的生活。

　　非常奇怪，我们似乎可以从这些令人不安的事情中获得满足感。如果没有这些糟糕的话题来让我们进行讨论，谈话似乎就很难继续下去。

　　然而，过多关注和探讨这些事情，会对我们的生活产生负面影响吗？答案是肯定的。这样的方式对我们的生活影响

巨大，但是大部分人都忽略这一点。想一想，你每天是不是都花了很多时间去讨论你讨厌的事情？

如果那些充满爱又能振奋人心的新闻经常被报道，那么，我们的想法肯定会发生改变。想象一下，如果每次看电视或者报纸的时候，看到的都是一些正能量的事情，那又会是怎样的情形呢？

抱怨，不会带来任何好处

很多人对自己的工作、感情、经济状况、身边的人，甚至整个世界都心怀不满，还经常对别人说三道四。以前我也是这样的一个人。这样做，无非是想让自己的生活感觉更好一点。我们对别人的事情品头论足，是因为我们自己也遇到了麻烦。我们对这件事情表示不满，往往是因为我们也犯过同样的错误。

为什么会出现这种情况呢？因为推卸责任往往更容易。

我们会为自己犯的错找一些理由，因为我们害怕面对现实。但是，我们必须了解自己的问题并去解决，只有这样才能让自己拥有更强大的力量。

永久的能量

有的人总是没有精神，虚度人生；有的人却活力四射，这是为什么呢？

我和一些取得惊人成就的人聊过，他们睡觉的时间几乎都少于八个小时。以前我每天都睡十个小时，最少也要八个小时，仍然会觉得累。现在，我每天最多只睡六个小时左右，但是我仍然充满能量。最终，我明白了，如果是做一些有意义的事情，或者为了实现自己的目标而去努力，你就会觉得你有用不完的能量。

给自己确定一个目标并为之努力，就会充满能量，而这种能量是源源不断的。我想说的是，身体上的疲乏其实不用休息太长时间，心灵上的疲惫才会使人委顿。

提到能量，你一定要清楚，能给你能量的只有你自己。如果你只会抱怨，把注意力都放在不好的事情上，想象着自己是个受害者，并且不断提醒自己这些事，你就会萎靡不振。

大家都明白，如果一直抱怨一件事情，你就会很沮丧，抱怨会让你看起来非常糟糕。

有一天，我下定决心不要再抱怨了。即使别人和我说了他们的倒霉事情，我也不想牵涉其中。我努力让自己看到好的一面，如果对方不想听，我就会换个话题。我会告诉对方，如果你只是想找一个倾听者来抱怨这件事，那就不要再和我说了。

当你听到一个人发牢骚，你也很容易受到感染。我们身边都有一些对生活只会抱怨的人。他们自怨自艾，却永远都不做出改变。他们总是把问题推到别人身上，让别人来承担责任。最终，他们不仅耗尽了自己的能量，也可能耗尽了你的能量，甚至你也开始跟着他一起抱怨。

如果发生这样的事情，你要明确一点：你可以共情，但是不要被他们传染。你会发现，没被别人的负面情绪所干扰，你就离自己想要的人生更近了一步。因为着眼于人生中美好的事物，你就会每天充满活力。

07. 切换关注点，负能量就会远去

　　你是否想过有人故意骗你？如果被骗，你的感受如何？你是不是会感觉伤心、愤怒，抑或是失望。但是，后来当你发现对方并没有骗你，又会怎么样呢？你又会有哪些感受？你会觉得惭愧、难过，还是觉得自己很愚蠢？假如对方从最开始就没有欺骗你，你为什么会觉得被骗了呢？

　　在继续阅读之前，我们先来做一项练习。

　　想着你最爱的那个人，想象对方此刻就在你身边。你感受到了爱，似乎对方就陪在你身边。之所以会有这种感觉，是因为大脑在感受层面，无法区分真实的感受和想象的感受。我们把注意力放在想象上，你想象出什么，就会感受到什么，而想象的感受，也是真实的。

　　所以，要想改变，选择把注意力放在什么地方才是关键。大脑帮助我们找到值得关注的事物，从而确立人生的方向：

是被赞美还是被咒骂，完全取决于你自己。如果你把自己的注意力放在自己不想要的那些事物上，就会得到你所不想要的——负面的感受接踵而至，你会失望、愤怒，内心混乱，生活变得一团糟。

这种现象很常见。你生气的时候，会觉得一切都不好；你开心的时候，又觉得一切都很美好，这就是生活的法则，没有人不会受此影响。我们必须学会保持健康的情绪，而情绪是否健康又取决于我们所关注的事物。当你一直关注正面的事物时，积极的情绪会带动正向的行为。你的肢体语言、语气，甚至是潜意识里的动作，都会发生改变，从而使你成为你内心所向往的样子。但你若把关注点只放在负面的事物上时，就会毁掉你的生活。

在驾驶课程中，教练也会强调，注意力的朝向特别重要。汽车失控时，如果你的眼里只看到电线杆或者大树，那么你就容易撞上电线杆或者大树。这个道理适用于生活中的各个方面。如果你只想着挣的钱不够花、时间不够多、身体不够好等，这类想法就会变得更加强烈，而现实也会往往变得更糟。

你选择去寻找什么，你就得到什么。如果你行动散漫，打造出的东西也就会显得散漫。遛狗的人都知道，有时会觉得好像是狗在遛人。当狗四处乱走的时候，你只有拉住狗链才能把狗带回原地。你必须用这种方法去控制你的想法才行！

思考、感觉、行动、创造

如果只想着负面的东西，会是什么感受？当然是没有动力、没有目标，难过、沮丧……这些负面情绪会让我们消极。

如果把注意力转移到自己想要的事物上，态度就会发生转变，会为之去努力。把注意力放在自己想要的事物上，大脑就会指引你向其靠近。

比如，买了车子，你能立马分辨谁开了和自己一样的同款车；假如有人和你重名，这个名字一旦被叫到，你也会立刻注意到。

在我和哥哥去置办他婚礼上的用品时，我切实体会到了专注的力量。我们想找一条海军蓝的领带，结果我们发现到处都是蓝色。就像我们戴了滤镜，除了蓝色，其他颜色被自动屏蔽了。后来，我开始把别的颜色也放入了搜寻的范围内，就连黑色的领带我也仔细去看是否海军蓝，即使店员一再告诉我那是黑色的，但我还是觉得那就是蓝色。蓝鞋子、蓝袜子、蓝帽子、蓝西装，全都引起了我的注意。一天下来，我告诉哥哥，我再也不想看到蓝色的东西了。

有些东西之所以会吸引我们的目光，就是因为我们将其放在了很重要的位置。一旦我们专注于某样东西，我们就会发现到处都是与之相关的东西。

专注什么，就看到什么

把注意力放在自己想要得到的东西上，其实是人类特有的能力，这种能力受大脑的影响。大脑产生一个想法，然后就会通过行为去实现。

从科学的角度来看，人的大脑中存在一个网状系统，它的作用有如意识和潜意识之间的过滤器，它会帮助你专注于你心目中所渴望的东西。美国医学博士麦斯威尔·马尔兹医生把网状系统比喻成人体的自动控制装置，类似自动对焦相机的自动控制装置。当你把这种相机的镜头移到目标位置，就会自动对焦，拍出清晰的画面。如果我们把某个我们自己最想得到的东西摆在眼前某处，无论它事实上对我们是否有益，我们大脑中的网状系统都会到处搜寻那个东西，并且让画面变得清晰。而最终操控这个"镜头"的人，就是我们自己。

转换焦点——移动你的镜头

有的人很乐观，有的人很悲观；有些人做出成绩就很满足，而有些人始终消极。这是为什么呢？想找到答案，就要了解我们的生活模式。有人告诉我："我们每天起床、上班、回家，这就是我们的生活模式。"我告诉他，那只是他的生活模式而已。其实越是想着同样的事情，就越是得到同样的感受、重复同样的行为。

很多人都以为，只有外在的东西改变了，内在的东西才会改变。他们认为自己必须做出成绩，才能认可自己。但事实上，我所见过的大多数很成功的人，他们都是先坚定地肯定自己，然后采取果断而有效的行动，最终达到自己的目的。所以，让自己变得优秀，关键在于切换你的焦点——先认可你自己。

第 3 步

积累成就
——将目标转化为现实

08. 培养成功的意愿

　　在我们成长的过程中，取得过各种各样的成绩。这些成绩可以是做到某件事、实现某个计划、做出英勇之举，也可以是为了某件事情付出过巨大的努力。这些成绩无论大小，取得成绩的经历都非常重要，因为这就是我们成长的阶梯。无论你是谁，无论你最终能够达到怎样的高度，都是这样一步一步走过来的。你想要得到某个事物，你热情高涨、动力十足、不断思考，然后制定计划，施行，最后达到目的。无论你有没有留意到这个过程，你在取得任何成绩时，往往都会经历一遍这个过程。

　　天上永远不会掉下馅饼，想有所收获，你必须行动起来。取得了一定的成绩，也不代表最终一定能获得成功。有些人在取得了一些成绩后，就开始膨胀、迷茫、空虚，这种事情我听过太多了。有些富豪是我见过的最不快乐的人，他们追逐金钱，最终却发现金钱并不能带给他们快乐。真正的成功，是要有所成就并且自我感觉满足且充实。这是我们要努力学习的，也是我一生都在追寻的。

愿景背后的现实

1971 年 10 月 1 日，沃尔特·迪士尼过世四年后，成千上万的民众聚集在佛罗里达州的奥兰多附近，观看"迪士尼世界"的盛大开幕。迪士尼的一位挚友对迪士尼的妻子莉莲说："多希望沃尔特能够看到这个场面。"莉莲回答他说："如果沃尔特当初没有预想到这个场面，现在就不会有迪士尼了。"沃尔特·迪士尼的公司市值数百亿美元，而规模这么庞大的公司全都始于米老鼠。迪士尼说："米老鼠是从我的脑海里蹦出来，再蹦到纸上的……是我从曼哈顿到好莱坞的火车上想出来的，当时我生意失败，输得一塌糊涂。"或许就是因为这个，迪士尼说过一句特别著名的话："有梦想，就可以做到。"

　　为了充分发挥自己的潜能，我们必须抓住脑海中闪现的灵感。很多人对自己的生活不满，因为他们的理想很丰满，期待拥有好身材、豪车、大房子，但现实却很骨感，所以他们对自己的一无所有愤愤不平。他们不确信自己真的有能力实现理想。愿景的背后一定要有强大的动力，这样才能激励我们采取行动。就像你想去度假，虽然还没准备好，但你可以想象自己度假的样子，这样渴望的情绪会逐渐升高，从而促使自己采取行动。

　　对于我们想要的，就要全力以赴，否则梦想永远不会成真。如果你认为梦想是不真实的，无法通过努力实现，那么梦想就不能实现。梦想之所以能成真，是因为梦想会带来前进的动力。

　　科里·特纳在《愿望：掌握未来的关键》一书中表示，对未来没有清晰的认识，就像闭眼开车，前几秒钟或许很刺激，却非常危险——不但会出车祸，还可能伤害到别人。

　　如果没有任何想获得成功的意愿，怎么可能取得成功呢？如果始终不开始，只是空想着情况会得到改变，那么只能在抱怨中度过人生。或许，一直在原地打转的你，根本不清楚自己究竟想要什么。我和很多人都谈论过这个问题，主要是年轻人，但是我们必须得想明白，我们究竟是没有梦想，还是不敢拥有梦想、不相信梦想可以成真？要敢于拥有梦想，这样会吸引很多东西来帮助你实现梦想。梦想的实现很少会一蹴而就，但只要发自内心坚决去做，终究可以达成。

理想的伴侣、法拉利豪车、临湖别墅、月底加薪、与家人和睦相处等，这些都可以是一个个具体的愿望。你需要的不一定跟钱有关，而是要着眼于一生。越是清楚自己想要什么，越是愿意努力争取。

很多人只会空想，比如"我想有更多的钱""我希望找个人共度一生""我想有自己的事业""我想变得更成功"，他们并没有意识到，自己想跟某个人共度一生，却爱上了不适合的对象，这是因为他们对共度一生的那个人的特质没有明确的想法，并不知道自己究竟想要什么。我们付诸行动，最终却妥协、退让，接受老样子。所以，为了实现你的梦想，你必须充分知道自己想要什么。

　　梦想也要切合实际，毕竟现实可能跟我们脑海里想象的完全不同。接受人生的不完美，因为实际上我们每个人在某种程度上都缺少发现美的能力。我想说的是，假如你遇到某人，对方的身高不符合你理想中的标准，可能我会建议你不要过于在意类似这样的标准。就像你去旅游，去之前幻想自己躺在沙滩上，想象酒店房间的样子，还有周围的景色，可是到了那里，却发现跟你想象的不太一样，但你并不会因为跟预想的不一样而沮丧，因为那里很美。允许差异，永远不要放弃那些本该属于你的东西。

你知道自己究竟想要什么吗？

　　一天晚上，我和朋友在咖啡馆里坐着，无意间听到两位年轻人在聊天，他们说不知道自己到底想要什么。

　　我知道偷听很不礼貌，但餐桌几乎是拼在一起的，我觉得自己是注定来到这里的。我问他们，可不可以一起聊聊。

我朋友觉得不好意思，在桌底下踢我的脚，我知道自己能帮
得上忙，不能在听到他们的苦恼后，又一声不响地离开。

　　我问他们："假如你们现在就能拥有理想的另一半，你
们会接受她吗？"他们笑了出来，说："当然。"我又问："假
如我送你们一栋别墅，门前还停了一辆兰博基尼，你们会接
受吗？"他们再度给予了肯定的答案。我又问："假如你们
每天早上醒来都觉得心情很好，对生活充满热情，对世界有
所贡献，有完美的身材，还能很好地控制自己的情绪，你们
期盼这样的人生吗？"其中一个人转向我，说："你是不是
刚刚中了彩票，现在要请客？"我笑了出来，回答："不是，
我只是在帮你弄清楚你自己想要什么，而这些愿望只是你自
以为达不到而已！"这就是事情的真相——大部分人都很清
楚自己想要什么，只是以为那些东西超出自己的能力，索性
拿自己不清楚当借口，这样就可以逃避，并且保留自尊。

　　如果你不真正了解自己，就不会知道自己想要什么；不
了解自己有哪些能力，就不会相信自己。很多人每天都把真
实的自己隐藏起来，最后变得很迷茫，怀疑自己的能力。如

果你对自己很了解，就会知道自己想要什么，就有能力支配自己的每一个行动，从而慢慢接近自己想要的生活。

以前的我只知道自己很爱帮助别人，从没想到自己有一天会变成作家。说实话，我刚开始做出改变时，只是想改变自己当时的状态。然而一切都相当顺利，因为在这个过程中，我慢慢建立了自信，我相信自己什么事都可以做到。我必须真正地、发自内心地去改变自己的情绪和行为，激发自己的创造力，这样才能认清自己，帮助自己达到目标。

09. 培养毅力

　　世界上没有什么比毅力更重要。才华取代不了毅力，有才华却一事无成的人到处都是；学识也取代不了毅力，看看那些受过高等教育的流浪汉。毅力加上决心，才会无所不能。

　　你有过这种体验吗？你产生了某个想法，起初你会觉得这个想法很简单，大家都会想到，然后就没有然后了。几年后，你发现货架上的某种热销商品和你当初的想法如出一辙。你可能会耸耸肩，说："我早就想到过。"有时候，你和别人都产生了一样的想法，但对方实现了这个想法，你没有。你和对方的差别，就在于谁坚持了下来。

　　我们常常想法很多，愿望很多，但实现的却很少，因为我们大多数人都会认为自己的想法别人肯定已经想到了，再去做会被别人嘲笑，觉得自己的想法很愚蠢，或者认为实现起来太难。于是，你在开始之前就下了结论，直接放弃了。

　　过于渴望成功的人，往往很惧怕失败。其实并没有所谓的失败，万事万物都是相对的。之所以有成就非凡的人士，是因为他们不愿把某些经历视为失败。换一个视角看，你只是得到了一个不是你所预期的结果而已。事实上，绝大多数人的第一份事业或者第一次尝试多半都不会达到预期的目标。但是，最终成功的人把每一次经验都当成了学习及成长的机会。

　　放弃很容易，但是如果一直想放弃，我认为没有什么比这种"自甘堕落"更糟糕的了。人们有时觉得自己不是很积极，有时又觉得自己深受打击，这都是正常的。你必须明白，哪怕是遇到了困难也要负重前行，即便只是前进了一厘米，也是进步，因为这就是成功的法则。每次取得一点成果，然后加油坚持下去，不断地坚持，就会取得胜利了。

　　我听过这样一个故事，源自一部叫《丛林中的奇迹》的纪录片。它讲述了一个叫海登·阿德科克的人，被困在东南亚的热带雨林长达十一天的生活。在雨林中，艾考克迷失了方向，不仅没有食物，还遭受着暴风雨侵袭，他以为生命就此完结了。他一度受了重伤，伤口很深，不停地流血，身体成了细菌的温床。寄生虫钻进了他的伤口，他开始出现幻觉。在头晕目眩中，他恍惚觉得自己来到了瀑布边上，准备跳下去结束这一切。然而就在那一刻，他想到了父母，想到了他爱的人。他心想，现在放弃就一点希望都没有了，不能跳下去，因为他很爱他的家人。在那之后，他又在丛林里生存了六天，最终获救。这个故事说明，只要我们有强大的信念，就可以克服重重困难。

坚持下去，不要给自己留任何退路。只有这样你才能更加努力，超越自己的极限。你内心的热情可以帮助你明确方向。只要相信某件事行得通，那件事就一定行得通。每一个创造都是从一个愿望开始的，即便大多数人都觉得不切实际。但，只要你足够坚毅，你身边的人就会受到你的影响。不要忘了，我们的信念是自己给的。

据说，肯德基的创始人哈兰·山德士带着食谱，去了九百家鸡肉铺推销，结果都吃了闭门羹。他们认为他的食谱太差劲，想法太疯狂。他被拒绝了九百次！但山德士相信一定会有人认可他的食谱，凭着这份坚毅，他最终把自己的食谱变成了现在广为人知的肯德基。试问，有多少人能像山德士那样坚持下来？有很多人被拒绝几次就放弃了。

人的一生中会有很多第一次，比如第一次走进公司，第一次换工作，内心是不是既紧张又激动？也许，你刚开始工作时，觉得难度真的很大，甚至可能认为自己永远也做不好。但熟能生巧，经过一段时间的积累，你便可以应付自如，你发现其实这份工作没那么难，想起自己当初的紧张、稚嫩时会心一笑。越努力越幸运，努力一定会带给你好运和惊喜。其实，无论是什么样的事情，我们都可以找到办法去解决，努力、不断地努力，就会带来好运。

有时候，你觉得自己的脑袋一团糨糊，你质疑自己所做的事情，怀疑自己的能力，你告诉别人你很愚蠢。但是，要有所成就，你的行为模式就要像已经取得成就的人。任何人要想取得成功，都经历过自我怀疑的阶段，能笑到最后的都是相信自己的。你换了一辆新车，坐在方向盘前，总会有别扭的感觉，不如以前的车开起来顺手，但你也很清楚，新车更好。你只需要开着它，开着开着，习惯就好了。

有些人不太能分清"放下"和"放弃"的区别。"放下你不再想要的东西"和"放弃你想要的东西"，这其间差别很大。你的感情无法再继续下去，你决定放弃它，如果想要获得新生，就要选择一条新路。放下你不想要的，是一种洒脱，这不是放弃。有时你认为，你应该得到某些东西，但你心里清楚，自己其实并不想要。于是你开始矛盾："这是我真的想要的吗？还是说我只是害怕放下？"

如果你想拥有八块腹肌，你就必须健身，最大限度地去训练腹肌，需要经过一段时间，它才会显现。如果感到困难就放弃，那你肯定达不到想要的效果。这个道理适用于生活的各个方面。

所以，如果你不去争取自己想要的东西，还找各种看起来很有道理的借口推脱，你真以为能骗得了自己吗？其实你自己很清楚，那些都只是借口。大家在追求自己想要的东西时，一定会遭遇困难，问题的关键是坚持下去的人并不多。你所遭遇的困难，其实是在帮你验证——你所追求的，究竟是不是你真正想要的，也让你更明确自己究竟更想要什么。

要想实现愿望，坚定的决心是关键。你的想法或许真的非常棒，惊天地泣鬼神，但是你还得思考自己是不是只有一腔热情。一定要坚强，坚守信念，相信自己，永不放弃，永不屈就。最重要的是，一定要学会享受追求梦想的过程。对于自己正在做的事情，如果你无法从中体会到乐趣，肯定就会不断地陷入痛苦。追求梦想不只是获得自己想要的事物，更宝贵的是在这过程中你所经历的一切。遇到困难时你要记得——没有过不去的难关！

名人也都曾面临阻碍

唱片公司曾对披头士说，没人会喜欢他们的声音，因为属于吉他的音乐时代已经过去了。

达尔文的父亲断言达尔文一生会一事无成，并且全家人都会为此感到耻辱。

音乐老师曾评论贝多芬，他想要当作曲家，是没有希望的。

迪士尼曾因"缺乏想象力"被报纸主编辞退。

《心灵鸡汤》这本书曾经被拒绝一百四十次，而今，它被翻译成多种语言，畅销全球超过八千万册。

爱迪生的一位老师曾认为他笨得什么都学不会。

丘吉尔在小学的时候留过级。

爱因斯坦四岁才会说话，他的好几位老师都认为他不会有所成就。

牛顿在学生时代一度是差生，而且他们家的农场在他的"努力经营"之下关门大吉。

迈克尔·乔丹在高中的篮球校队选拔中被淘汰，他把自己关在房间里大哭了一场。

某位制作人认为玛丽莲·梦露没有吸引力，也不会演戏。

林肯的一生中经历过未婚妻去世、两次事业失败、八次选举落败，甚至还精神崩溃过。

每一个人，无论是谁，都曾跌倒过，有的人再也没有爬起来。永远不要轻言放弃。

10. 不给问题找借口

这个世界上没有什么是一成不变的，不是在进步，就是在退步。有的人喜欢用卖惨的方式为自己工作不顺畅开脱："你根本不知道，我要面对的问题比你的多多了。"与其这样抱怨，不如辞掉工作，回家睡觉！

有时候，我们抱怨工作，可能是因为真的不喜欢这份工作，但也可能是信念出了问题。我以前也经常吐槽工作，找各种理由去抱怨，可问题是，即便换了份工作，那些问题依然存在。所以，问题不在工作，或者说不可能存在没有问题的工作，问题只出在我们自己身上。

有些人习惯逃避，但我们都知道，逃避解决不了问题，当问题逼得你逃无可逃的时候，就只能因为崩溃而放弃。人们总是把状况想象得比实际更糟，这样一来，就可以直接放弃了，这看起来是一种很好的逃避方式，但这种方式只会把我们困住。

在遇到任何麻烦的时候，我们的第一反应都是负面的。比如，你家着火了，你会哼着小曲从家里逃出来吗？这时，你不可能会有正面的反应，但是你会去想解决的办法。你可以快速冷静下来，想："我该怎么做？要怎样才能解决问题？要不要报火警？"只有面对问题，去想解决问题的办法，才能正确评估问题，拟定解决方案，而这才是正向思维的体现，尤其是在面对重大问题的时候。问题在于，我碰到的人大多不是不会正向思考，而是往往自己吓唬自己，把情况想象得比实际更糟——所以，重点在于遇到问题要看清事物的真实状况，这样才能真正地找到解决问题的办法。

我有一个非常胖的朋友。他跟我说，他基础代谢很差，骨架又大，所以体重超标。他总是夸大实际情况，仿佛自己无可救药，以为这样就可以不用去面对这个问题了。我盯着他说："不，你很胖，但情况没有你描述的那么糟，你现在必须动起来才行。"几个月后，我收到他的邮件，邮件里附了一张他在泳池的相片。他感谢我说，当时他需要的正是有个人提醒自己没有胖得无可救药，并督促他做出改变。之前，他的家人、朋友都对他说，他没救了，注定一辈子是个胖子。

我的家境并不富裕，我需要自己挣钱养活自己。我从来没向我的父母要过钱，我心里清楚，如果他们有的话，早就给我了。有很长一段时间，我一看到身边的富人，就开始自卑，我对自己说："你是一个被人看不起的穷鬼，没有人会喜欢你。"那个时候的我，就是在把自己的处境想象得比真实情况更糟。事实上，父母供我吃穿住行，给我家庭的温暖，让我接受教育，而我的周围也有许多资源和机会，这些条件是许多人都没有的。

后来，我明白了，要看清现实，坦诚地面对自己，否则就永远无法做出改变。有人说，用最坏的角度看待自己，可以督促自己变得更好，可是那是事实吗？事实是，这样更可能会让你自暴自弃。所以，最重要的，就是要实事求是，对自己坦诚。

面对真正的现实，别想象得比实际更糟糕

如果你已经可以不把现实想象得更糟，就可以进行下一步了。把现实想象得更糟，大脑会默认你想象出来的情况；同样，把现实想象得更好，大脑也会认可，这会让事情向更

好的方向发展，也会让我们发生积极的变化。所以，你必须把处境想得比实际上好，即使是遇到了天大的困难，只要有值得期待的东西，你就能够找到抵达目的地的路。

愿望，要把它设想得更好

认为某件东西是好的，才会努力去争取它，然后根据实际情况制定行动计划，拟定策略。要让愿望变为现实，首先要付诸行动。我们每个人做决定都是由愿望驱动，然后不断鞭策自己，直到达成愿望。

为了达成愿望，你必须相信什么？你必须怎样才能坚持下去？你应该把注意力放在哪里？你可以跟谁讨论？要创造出那样的结果，还有什么别的办法？这一切，都是根据你的愿望而产生的！

11. 行动的艺术

有些人不相信自己可以变得很出色，他们对自己做出了种种限制。他们认为自己一向平凡，将来也不会有什么变化。有些人的经历虽然坎坷，但对这个世界做出了巨大的贡献。我们不能把自己局限在以往的经历中，以往的经历也不完全会左右我们将来成为怎样的人。

诚然，我们当下的想法和选择，影响着我们的未来。有时候我们向往非凡的事物，却忽略了脚下走的每一步路，导致一些原本很简单的道理，都被贴上了"非比寻常"的标签。有些人取得了成功，于是被塑造成"超人""疯子"。他们真的很特别吗？他们只不过是在某个领域坚持耕耘的普通人罢了。我们往往会很客观地评估自己，的确我们不是"超人"或"疯子"，然后我们开始为自己设限。我想说"超人""疯子"都不是真实的，只有我们当下的选择，才会影响我们自己的未来。

　　绝大部分普通人，对于自己的未来，总是有各种各样的想法，却不去行动，知行不合一。知道，却不做，相当于什么都不知道。很多人对我说："我知道啊。"我告诉他们，光知道有什么用，你必须付诸行动。然而，他们还是什么都没有做。

　　有一位年长于我的朋友和我说："我比你大十二岁，我的经历比你丰富得多。"但是说这话有什么用呢？那时，正是他发现女友第三次劈腿的时候。我跟他说，我只要有过一次这样的经历，就能找出问题，避免这样的事再次发生。而他呢，总是侃侃而谈，却什么都没有做，然后一次又一次沉湎于女友劈腿的痛苦之中。他从以往的经历中学到了什么呢？他什么也没学到。他只是越来越多地给出各种理由，然后一次又一次地被劈腿。同样的事，不管你经历过多少次都不重要，分析这、分析那也不重要，重要的是要采取行动做出改变，才能真正有所成长。

真正的成长，只有把学到的东西运用到现实中，才能得以实现。

改变·挑战

一切改变都是自己对自己发起的挑战！

生活很简单，只是我们常常把简单的事情弄得很复杂，于是"保持简单"反而成了一项巨大的挑战。很多时候，似乎我们只以为解决了那些复杂的问题，才会带给我们成就感，却忘了"保持简单"才是最难的。

我想起了以前我和一位女士的聊天，她说："你总是把改变说得很容易，就像那些成功学讲师一样。"我回答她说："我不是成功学讲师，说一些话去鼓舞别人是一回事，让人鼓起勇气做出改变是另一回事，这需要方法的。激励别人和教会别人，根本不是一回事，只不过我的方法听起来更'简单'。"在和她的交流过程中，我想起自己成长的经历，说实在的，那称得上是一场自己跟自己的"战争"，可是，只要你找对了改变自己的方法，你就很难再失败了。

改变，是困难的，要先坚定自己做出改变的信心，并且马上行动起来，否则只能是空谈。很多人明白这个简单的道理，但是在行动上往往选择逃避。人们喜欢按照以往的习惯做事情，"懒"于改变，即便它能给你带来翻天覆地的变化。

想要做出改变，必须要从各方面坚定自己的信念。我可以提供改变的方法，但是你自己必须坚定地走下去。改变之路并不平坦，要时刻准备战斗，别那么轻易就屈服让步。

这里我想提醒一下，如果有人说改变的旅程很轻松，他肯定是在骗你。实际情况是，很多人也许永远到不了目的地，在中途就退出了。有些成功学讲师为了演讲而演讲，为了出书而出书，自己的内容没有经过实践检验，靠臆想把人们带入歧途。

我们要时刻做好克服困难的准备，特别是心理上的难关。你可以把改变看成改掉一个个习惯的过程。就像打拳，以前你习惯右手重拳，现在要改成左手重拳。教练要求你必须用左手的重拳赢得比赛，于是你不断提醒自己左手重拳，并且努力练习，直到习惯用左手出重拳为止。

当你想要改变自己的信念有动摇的时候，下面这两个方法可以帮到你：

1. 保持平和。如果你的信念被动摇，要马上让自己处于平和的状态，然后跟你的负面情绪说"我知道你想干什么，但你永远不可能击败我"，语气要平和，底气要足。

2. 记录。无论正面或者负面，把你的所有感受都记录下来。如果情绪很差，那就记录一下你情绪改变的过程。最终你会发现，你所有的记录都指向正能量。

心理行动

要意识到你的每个念头都可以被重塑，并且接受现实。做到这一点，最好的方法就是仔细观察内心的真实想法。要善于学习和总结过往的经验，利用这些经验指导你以后的行动。

我们通常会对所处的境况做出条件反射，这种条件反射往往不受我们的控制，我们会觉得自己无法真正地掌控自己的反应，特别是在紧急状态下，我们甚至无法控制自己的思维。所以，很多人认为我们无法真正掌控自己。这种想法是错误的，其实，我们始终能够，并且一直都在掌控自己的人生方向。虽然有很多下意识的东西我们无法控制，但是我们可以对整体和全局做出把控，并决定自己的态度和观念。大部分人认为我们的思维被观念限制，我认为恰恰相反：观念受思维的影响，进而产生某种感受。当我们冲破了思维限制，就会得到突破性的新观念。所以，真相往往是，因为你自己觉得你掌控不了自己，你的人生才会被外部世界支配。

我们应时刻关注自己的思维，相信自己有能力改变观念，使其朝着自己预期的方向发展。特别是，我们要抓紧那些正向的观念，并将它们付诸行动。

人类有一个很强大的能力，就是共情。我们站在局外看事情，然后将其与我们自身联系起来，找到一个连接点和自己产生共鸣。所以，我们要仔细审视我们所观察到的每一件事，尽量避免产生负面影响的共情，远离带给你不快乐的事物。

另外，请思考一下这个问题：

你现在的想法是否能帮你获得想要的东西？

比如，你正在开车，突然有人插到你的前面，你十分生气。这时候你需要想一下：生气改变不了被插队的现实，也不会带给你其他任何好的结果，更不会帮助你成长。这时候，你就需要立刻调整自己，因为你意识到生气只会给你带来负面影响。我不是说不可以有下意识的反应，我是想说当你意识到这个反应只会带来负面影响时，你就应该立刻做出改变，并且在下一次遇到类似情况时，尽量避免产生这种负面的下意识反应。当你的想法转变了，你就会有不同的反应。一定要关注自己的内心，及时反思，毕竟有些时候你已经习惯了以特定的角度看问题，做出改变并非易事。但你必须这么做，因为你的每个想法都会影响到你的生活。

知行合一很重要。知行合一的关键不是刻意去做，而是要将它变成习惯。对大部分人而言，这种习惯需要培养。当初，我也是在厌倦了自己的生活状态后，才下定决心做出改变的。最终，我意识到思维会影响情绪，进而影响我的生活。在我下定决心做出改变后，我发现，培养习惯根本不用花很长时间，只要能持续一周关注自己的内心，就能获得成长。

要挑战自我，打开自己的格局，如果你仅满足于取得小成就，最终就只能获得小成就。放开心胸，打开格局，你才能真正发现自己身上的不足。我刚开始写这本书时，尽管进展并不顺利，但我知道自己想要什么。我问自己："丹尼尔，你要完成的是怎样一本书？"我之前从来没有进行过写作，所以我总是感到压力重重，感觉无法找到合适的文字表达自己的想法。这时，我就会努力调整自己，鼓励自己，不让负面的情绪冒出来："我可以完成这本书。"我想象这本书出版后的样子，这能让我变得积极。很神奇，这时候很多句子自然从笔下流了出来。就这样，几个月后，我的书终于如愿出版。

实际上，改变人生只有一种途径：那就是改变思维模式。

考虑问题时从大局出发，就会产生更多有用的想法。有时候，即使你学到的东西对你完成目标帮助不大，你也要把它记下来。不要放过任何能让你成长的机会，用不了多久，你就会发现自己成长了很多。

很多人都不知道自己说的话会产生多大的影响。特别是，你使用了有"限制性"的词语，你就限制住了自己。比如，你总说"没办法"，但你细想一下，真的没办法吗？事实并非如此，你潜意识里给自己做了一个选择，说没办法，其实是不想去做。越说自己没办法做，大脑就越习惯于没办法，最终，你遇到必须解决的问题时，你就真的没办法了。

不要使用有"限制性"的词语了，多使用积极的词语，你的思维、状态会随之改变，语言的重要性再怎么强调也不为过。下面是一些经常会用到的有"限制性"的词语，我们必须用积极的语言替换它们：

我做不到——我做得到。

我不聪明——我非常聪明。

我一直这么穷——我将来会富有。

我常生病——我身体很好。

我太胖——我想变得健康。

我没有吸引力——我很漂亮。

我创业一定会失败——为了成功，我全力以赴。

我赚的钱比爸妈少——我以后赚的钱会比爸妈还要多。

我又输了——我会获胜。

我没力气了——我充满了活力。

我太累了——我必须精力旺盛。

那真的很惨——这样已经很好了。

那不可能——一切皆有可能。

这都是巧合——付出才有回报。

也许有一天吧——将来一定。

希望吧——一定会。

那太难了——我喜欢挑战。

我等一下再做——我必须马上就做。

我不行——我可以。

万一……该怎么办——还没有发生的事情，为什么要杞人忧天？

我应该要做的——我之前没做，但我现在做得到。

我会试试看——要么做到最好，要么不做。

我讨厌自己的人生——我爱自己的人生。

我希望自己很快乐——我选择让自己快乐。

他很走运——他很成功。

我讨厌他——我爱自己，没有时间去讨厌别人。

我咒骂他们——我祝福他们，将来他们也会祝福我。

我希望自己达到目标——我知道自己一定会达成目标。

我找不到另一半——我的另一半还在等我。

我需要那个东西——我可以得到那个东西。

我还好／不错——我很好。

我不知道——我一定会知道。

我什么也不能做——一定有我可以做的事情。

　　说了有"限制性"的话，不管当时是开玩笑还是认真的，都会在一定程度上限制你。多说能给自己带来力量的话，比如"我可以""我会""我是""我一定行"，它们可以让你越来越自信。回想一下，你每天说的话中，有多少对你实现目标有益，有多少会成为阻碍，有多少会让你获得启发，又有多少除了抱怨没有任何意义？

　　也许，你觉得只说积极的话，一点儿也不去抱怨，不合情理。诚然，对于刚开始这样做的你，一定会很困难，但我必须让你意识到这一点：有些事的确很难，但往往越困难，对你的成长越有帮助；如果你总觉得不可能、不合理，那就永远都做不到。你说的话，最终都会对你产生影响，你会把它们变为现实。我们必须训练自己多说积极的话，这些话会给你带来强大的力量。

　　要意识到语言是怎样塑造命运的。你可以多去观察，看看有人说"限制性"的话时，他们的话对他们产生了多大的影响。观察别人的同时，也要反省自己，这样就能立即发现问题，调整自己的状态，做出改变。

想要提升自我，说起话来就要像个能够提升自我的人；想要登上高峰，说起话来就要像个能够登上高峰的人；想要成功，你的话就要围绕成功；下定决心，就要让周围的人都知道，这件事你非做不可。

踏出第一步

一个懒汉想要洗车。这时他想，如果我自己洗的话，先要从沙发上起来，然后去打水，拿清洁剂和海绵；洗车的时候，要把车的每个角落都擦干净、冲干净、再擦干；洗完车后还要把工具放回原处……好麻烦，还是不洗了吧。于是，洗车这件事在懒汉这里还没开始，就已经结束了，懒汉依旧躺在沙发上。突然，他想起附近有个洗车店当天有优惠，他觉得自己只要把车开到店里就好，不必亲自洗车，很轻松，就行动起来了。

很多事情，我们明知道要去做，最终却没有做，是因为想法上出现了偏差。想想我们在哪些事上采取了果断行动，哪些事上拖拖拉拉。我们所采取的行动大部分都是相信自己很容易能做到的。所以当我们确定某一件事一定要做的时候，必须运用自己擅长的方法，引导自己朝好的方向发展，这样才会踏出第一步。

我们都听过：相信自己，一切皆有可能。怎样才能做到相信自己？行动！只有在行动中，才会让自己越来越自信。你只要相信自己，你就拥有无穷的力量，这些力量支撑你持续行动，形成良性循环。

练习

从现在开始，完成一件事（事情很小也没关系），然后把它记录下来：

_____

_____

————————————————————

————————————————————

　　让自己先动起来，去完成一个小目标。目标可以小，但眼光一定要放长远。只要锁定目标，坚定地走下去，就会获得很大的进步。

12. 克服恐惧

太多人只想着安稳，却错过了机会，仿佛怕生多于怕死。

——詹姆斯·伯恩斯

一个小孩如果早上醒来发现眼前的东西和平时的不一样，就会害怕，因为他畏惧陌生的东西。同样，每晚睡觉的地方突然间不一样了，你感觉每样东西看起来和你都那么格格不入，不由得心慌起来。而当你凝神静气地仔细观察，发现周围环境并没有大的改变时，你才松了一口气，感觉自己不应该那么惊慌。可见，为了跟恐惧和平共处，我们必须更仔细地观察才行。

　　在我们的一生中，我们一直抱持着一种观念，即畏惧是一个应该不惜一切代价去消灭掉的"敌人"。但是我要说的是，畏惧其实也是一些人的朋友，畏惧传达的潜意识信息往往对人很有帮助。畏惧让你意识到危险和问题，要求你站出来，找到解决它的办法。或许你在某个方面有所欠缺，而畏惧的出现就是要提醒你，你应该想办法去解决它。把畏惧当成帮助你获得成功的警钟，它说："如果你在这种情况下不认真听我的话，你就过不上你想要的生活。"如果我们从不害怕，那就意味着我们从来没有冒过险。心里会害怕就表示某件对于你很重要的事情正在发生，对吧？我们必须深入发掘自己内心的感受，仔细聆听畏惧要告诉我们什么。一旦做到这点，你就有能力找到办法，并采取行动来对抗畏惧。

　　我们越是试图消灭畏惧，畏惧感就越强。我写这本书时，很害怕自己的作品没有达到标准。有一段时间，我以为自己失去了理智，开始担起心来。我知道自己必须马上消除这种感觉，于是开始了探索。我发现自己害怕的是自己这本书无法使各行各业的人都能产生共鸣。我希望每个人阅读这本书后都能有所收获，无论他们的经济、社会地位如何。发觉了问题所在，我明白畏惧是在告诉我，我应该提高写作水平，提升自己的写作标准。于是，我跟各行各业的人交谈，让他们阅读书稿的同一章，他们好像都读得很入迷。

如果一个人总是习惯以最坏的结果去想事情，畏惧感就会经常出现。某个人是真的怕蛇，还是怕被蛇咬？某个人是真的怕高楼，还是怕从高楼上掉下去？某个人是真的怕冒险做生意，还是怕生意失败带来挫败感？其实说到底，大家都只是害怕面对自己想象出来的那些不好的结果。通常这种情况下，我会先提出三个问题：

1. "在这里，我真正怕的是什么？"不要只是想："我很怕。"

2. "对于这件事，我要怎么做才能改变自己的看法？要让这件事对我的生活有所帮助，我必须有怎样的信念，才能克服畏惧？只有克服了这种畏惧，才能得到我想要的结果，这种说法我相信吗？"

3. "我要怎么做才能采取行动并获得成长？"

这是一个深入提问的过程，不是勉强接受。这种方法能够帮助我们获得成长，并超越自身的期望。假设你和别人约好了，星期一下午三点要去某个地方。到了星期一，你洗完澡发现已经两点四十了，错过了公交车。你害怕会迟到，于是你叫了出租车；因为害怕迟到，你告诉自己下次应该要提早做好准备。这种事例很常见，在日常生活中如果我们遇事只是害怕而没有采取行动去改变，那就永远不会取得进步。因此，不要抗拒畏惧！

你为什么要克服畏惧？你必须提供足够的理由，这样克服恐惧才有意义。每次感到害怕的时候，你就要告诉自己不要害怕，自己有充足的理由。给自己充足的理由，你就不会感到那么害怕了；再次遇到它，你就知道该怎样克服了。这个方法很有效。

激励自己，直面畏惧

人都有两面性：有时候畏缩不前，有时候积极进取。畏缩不前时，人往往比较脆弱，面对困难为自己找各种放弃的理由；积极进取时，则会完全转换状态，一往无前。那些积极进取的人会引领其他人前进，直面畏惧、审视畏惧。问题在于，怎样做才能让自己积极进取的一面充分展现，同时尽量避免畏惧不前的一面出现？

方法很重要，就是循序渐进。比如我们给小孩子喂东西吃，必须有个过程，不可能孩子一出生就拿两块牛排塞到他嘴里。所以，要想达到目标，你需要靠毅力循序渐进，在这个过程中不要超过自己可以承受的度。以跑步机锻炼为例，很多人刚开始使用跑步机时，很难跟上节奏，跑几回感觉很难，就放弃了。你必须扭转自己的状态，锻炼是为了拥有健康的身体，这是你的目的，达到目的可以分阶段循序渐进。你最开始可以慢慢来，先从走步开始，这种强度是你可以接受的，然后一点一点加快速度，最终跑起来，就没那么难了。

如果一开始就设定你无法完成的任务，你就会畏惧，下次再遇到同样的情况，你就会退缩，你的畏惧感甚至会比第一次更强烈。

畏惧除了反应在心理或者说是情绪上，同时也反映在生理上。当你畏惧时，你能明显感觉到身体的变化。所以面对畏惧时，你需要激励自己，让自己内心更强大，你不妨大声为自己鼓劲儿。这个办法适用于任何状况，它可以帮助你将内心的力量激发出来。很多时候，问题不在于你的内心有怎样的力量，而在于能否把这股力量激发出来。如果你这么做，过不了多久，你就会发现自己比以往强大了很多，你会为以往的妥协和畏缩感到可笑。你会鼓励自己，不要再像以往一样可笑，你会更坚强地勇往直前。

激励你自己，鼓起勇气直面畏惧：

1. 审视你自己，以往是如何成功克服畏惧的，你都做过哪些努力？你是否有跟朋友交流过类似的事情，他们都是怎样做到的？

2. 改变你的视角，强化你的信念，提升克服畏惧这件事的意义和加强完成它之后的愉悦感。

3. 持续关注自己想要的结果，化畏惧为兴奋。

4. 立即终止畏缩不前的状态，用积极进取的状态操控你的身体。

记录下你克服畏惧后可以取得的所有收获，关注这些收获，很快你就会消除畏惧之心！

13. 更高品质的成功

> 只进行理性层面的教育，不进行感性层面的教育，称不上是真正的教育。
>
> ——亚里士多德

太多人被成就和成功这两个词误导，很多时候，我们所认为的成功，实际上已经是被扭曲后一戳即破的泡沫。

2010 年 2 月，一位好友给我打来电话，说知名服装设计师亚历山大·麦昆在自家公寓自杀了。他那么有钱，那么有名，怎么还会选择自杀？实际上，很多又有钱、又有名的人最终也和他走了同样的路。但还有很多人，既名利双收，又获得了内心的满足。两者的差别在哪里？有些人认为只有自己取得一定的成就才算成功，而有些人认为成功就是活出自我，而不在于自己拥有什么！

事实是，我们的欲望无止境，完成一个目标，就会产生下一个目标，我们很难获得完全的满足。真正的成功不在于法拉利，不在于别墅，它不存在于你自身之外的任何事物中，不应该被看作你必须取得的某种东西。由外物获得的满足感并不是长久的，假如你把成功限定于获得外在的事物，最后你肯定会问自己："就这样了吗？然后怎么办？"你一定有过类似的经历，不论你想要的是什么，也许是新表、手包、新车，那种新鲜的满足感很快会消散。而你需要过的是有深度、有意义的人生。真正的成功是你发现自己内在的巨大能量、认清自己是谁，以及你能积极面对生活。一旦你意识到了这些，一切就会水到渠成。这些必须在你满足外部需求之前就已经意识到，这样你才能从根本上发生改变，而其他的一切都只是蛋糕上的樱桃，不过是锦上添花。假如出于某种原因樱桃被拿走了，蛋糕实际上也不会有太大差别。你必须明白的是，当一个人死了，一切也都变得毫无意义。

　　以前，很多人以为所谓的成功就是有很多钱。如今，一部分人开始对成功有了新的认识——达到内心的安宁和持续的自我成长，进而在人生各个领域有所成就。从某种角度上讲，成功等同于能够认清自己，获得满足感。我们各自追寻的梦想虽不同，但每个人都在努力获得内心的安宁。这里的关键在于获得能使我们迈向真正的成功的优秀品质，换句话说，真正的成功是个人品质导向的成功，而非物质的成功。

　　品质导向的成功是用内心强大的力量消除周围环境中的负面影响而取得的成功。永远不要用成功的概念来督促你提高外在的所求，要依靠内在的品质来促成成功。这就好比在不稳固的地基上兴建一栋房子，地基不牢，房子永远不安稳。个人的品质是根基，有了稳固的根基，在人生的旅程上遇到困难时，就可以靠自己内心强大的力量承受压力。

　　通过这些品质，让自己不断学习，负重前行，最后达到人生更高的层次。最重要的是，实际上这些良好的品质，我们无须向外寻求，因为我们本自具足，我们要做的，只是去擦亮它们。

品质一：爱——首要的品质

人们常说爱有许多形式。人们也说，爱使人疯狂。究竟是爱驱动我们做了很多事，还是我们打着爱的幌子去满足自己的欲望？我始终认为爱只有一种形式，即一种最纯粹的感情。我曾经听说，有一个男的，迷恋前女友迷恋到跟踪她三年，有人说那个男的是多爱他前女友啊。但我以为，这不是爱，真正的爱不会让人做出如此行为。我们永远不该把以爱之名而给对方造成困扰之实的行为误认为是真正的爱，真正的爱恰恰是跟这种行为相反的。真正的爱不会让我们疯狂，那些以爱为名的私欲才会让我们像个疯子一样。

爱能让我们变得充实。我所说的爱，是从我们内心获得的感觉，它不受我们所见的限制，就像人们对自己的父母、伴侣、孩子或生命本身所产生的纯粹的感情一样。在别人眼里，你的孩子或许并不聪明，可是你对他的爱不会受到任何的影响。真正的爱别无所求，只要内心存在热切的爱，自己一个人就能获得满足感。爱随时会出现，可是我们在很多场合都忽略了它。爱是人生真正的指南针，如果做事的目的很纯粹，肯定会得到爱的回应。爱，会使人梦想成真，可以使日常的生活以最美好的方式呈现出来。爱会帮你清除欲望带来的迷障，使你看清这世界最真实的样貌。爱让你与世界上的一切保持和谐，这是你梦想成真的基础。

伟大也源自爱。其实，我们每个人都很伟大，只是很多人没有觉察而已。爱自己是成功的关键，不爱自己，就永远无法相信自己。要爱最本真的自己，而不是打扮、伪装起来的自己。爱自己不是把自己看得比谁都要高，真正地爱自己，会让你觉得这个世界是平等的；真正地爱自己，就不会允许自己违背曾在他人面前宣扬的价值观和行为准则。

你要学会认同别人的成长，这本身就是你自己的成长。你要先让自己获得成长，否则就无法真正帮助别人。现在帮助自己，以后就会帮到别人。贡献出真正的自我，比起在物质上助人为乐还要伟大。有时候，我们不得不从他人的外表、信仰、成长环境判断他人。但有一点要记住，人人平等，不同的人在他们自己的世界里都扮演着同等重要的角色。你尊重他人，你也会越来越尊重自己。现在，你可以回想一下，你对碰到的不同的人所采取的态度是否有差别。

　　你对别人做的事情，就等于对自己做的事情，因为你的所有行为源自你的内心，没有人例外。

　　我跟别人的相处方式非常简单。我总是去留意他们潜藏的力量，我相信他们都有潜力取得令人钦佩的成就。我和别人的相处，不会受到外部因素的影响。我的这种做法会让他们感受到我真诚的态度，这种真诚可以传递并感染人，使对方也给你以同样的回馈。这一切都是出于爱，它反映在你周围的每一件事和每一个人身上。

　　我们的生活就是由各式各样的人际关系编织成的一张网。在这张网的每一个节点，都连接着许多人，当你出于爱、出于友善的意图去做事，这份爱和善意就会传递出去，就会有人愿意帮你。这一切的前提是，你必须要从爱自己开始。你要对着镜子中的自己说，你有多爱眼前的这个人，无论经历了什么，你都爱这个人。或许一开始会觉得这样很搞笑，可是这真的搞笑吗，还是说只因为这么做有那么点"与众不同"而显得滑稽？——不要让所谓的外部影响干扰了你的信念。想一想，镜子中的你经历了很多，但是现在还能站在这里，勇敢承担责任，这就是对自己的爱和尊重。你站在这里，就是你坚毅的体现。如果想爱别人也想被别人爱，首先必须爱自己。感受到内心的爱，就会看到外面的爱。

与其等待某个人爱你，不如首先开始爱自己。

纯粹的爱即自由

爱能治愈一切，爱无处不在。

——盖瑞·祖卡夫

你的人生掌握在自己手上，明白这一点，你就会充满力量，而内心真正的自由就是始于这股力量。你要明确你目前的处境是自己的选择，你的生活方式是在你自由地选择下建构而成的。因为我们受到社会的影响，所以总是认为我们内心的自由被束缚在外部的规范范围之内。换句话说，我们误以为必须有好事发生，我们的内心才会自由地选择快乐。

为了获得真正的自由，你必须明白，你对外在世界的感受只是你内在自我的一种反射。你此刻的感受就是内心的选择！内心必须先改变，才能看到外面的幸福。也就是说，我们内心对外在世界的看法有了改变，外在世界的情况才会随之改变。我们每天在生理上、心理上、口头上的行动，都是自己内心的选择。我们的所有行为，都是在加强内心固有感受，我们自己却对此浑然不知。大多数情况下，我们忘记了这样一个事实，即我们永远都在处处受限的环境中创造我们的生活。

自由不取决于他人。我们或许可以换工作，或许可以去度假，但是从根本上讲，心要先获得自由，才能安宁地做这类事情。内心获得自由是让心有所发现并获得满足感的唯一途径。如果你想让物质世界为你带来自由，那你永远都不会得到自由。永恒的自由源于对自己纯粹的爱，以至于它信任你、去满足你的直觉，同时把爱投射到世界上。寒冷潮湿的夜晚可以和温暖的夜晚一样被欣赏，人生中的挑战也可以被视为生命的成长。

品质二：了解真实的自我

我以前在拳击馆打工，有一次我擦镜子时发现，镜子从远处看，并不会显得脏，但越是走近看，镜子越显得脏。我看着镜子中的自己，突然意识到，除非我们决定近看，否则我们不会注意到自己的真实面目——从远处看，我们以为一切都很好，没有什么需要改善的；可是走近一看，才发现事实并非如此。所以，要想看清楚真正的自己，就要走进自己，就必须对自己坦诚。

为什么我们获得快乐的能力越来越弱，明知道哪些事对人生有益，却往往视而不见？我们在面对欲望的诱惑做出选择的时候，是否都勇敢地直面自己真实的内心，抑或是选择用种种借口去欺骗自己的内心，而接受诱惑。看起来，似乎后者会令我们更"爽"，事实也的确如此，但真实的内心总会在某一刻让我们感到不安，不是吗？

我的一个叫克里斯的朋友问过我这样一个问题："假如爱就是真理，就是那个内在的声音，本自具足，那么那些罪恶滔天的连环杀人犯又如何呢？他们的真实面貌就是嗜杀！"下文是我们的对话：

我：杀人犯会有他们真正爱的人吗，比如他的亲人？

克里斯：我想，有的。

我：好，所以他知道爱的感觉很好，对吧？

克里斯：对。

我：假如某个人出现，杀了他的亲人，他会有什么感受？

克里斯：一定会觉得很难过。

我：所以杀人犯也懂得爱，所爱之人被杀了，他也会难过，是不是？

克里斯：我知道你下面要说什么了。

　　杀人犯作案，可能是出于贪婪、邪恶的目的或自私的满足感——这些都不是他真实的内心。他很清楚，这只是在满足自己的欲望，他的内心也永远不会从中得到真正的满足感，因为他把自己和真正的自我隔开了。

　　人都倾向于寻找真实的自我，我们可以区分爱和恨的行为，而爱会对我们的每个行为做出评判。谎言永远无法遮盖内心，内心的真实终究会流露出来。

不管出于何种心态，这都是让人难以接受的：听到了自己内心真实的声音，却还自欺欺人，这个后果很严重。

只有听从内心的真实想法，才能找到自我的本来面目，内心的声音会告诉我们什么是正确的，在不以损害他人为代价的前提下。这个声音会告诉你哪条路能让你真正的快乐，哪条路只会带来短暂的、虚假的满足感。其实我们都知道自己真的想要什么，只是谎言更容易让我们获得即时的满足感。

我们会根据自己的行为对自己做出评判。尽管，实际上我们都能区分谎言与真实，却往往没有采取行动，反倒一再屈从于明知会带来长久痛苦的短暂愉悦，然后继续着我们不想要的生活。

这就是最遗憾的事，很多人同时扮演法官和被告的角色，但是找不到自我的真实面目。他们不是在评断自己，而是明知有些事有悖于自己的内心，却还是照做不误。他们生活在对自己内心所捏造的谎言里，永远无法获得快乐。

我鼓励你提出这个问题："我的每一个念头是否充满了对自己和对身边之人的爱？"如果答案是否定的，那这念头是经不起审视的。没有人能够逃脱这个法则。看清你的真实面目，始终把爱当成获得满足感的根基。如果你的每一个想法、每一个决定不源于爱，尤其不源自你对自己的真正的爱，那你必须做出改变。

你寻求的答案全都在你的心里，而且一直都在。

我必须要说的是，我之所以能真正达到内心的平静，是因为我知道自己有能力跟自己论辩，是因为我能把道理付诸行动。能区分自己的真实面目和自己的谎言很重要，能切实采取行动更重要。

品质三：满足真实的自我，获得长久的快乐

对一些人而言，不安、难过、焦虑、茫然失措是每天都有的情绪。每次，你的行为违背了你的本心，你跟自己的关系就会遭到破坏，很多人说不知道自己想要什么，原因就在此。当你满足了真实的自我，你终将成长乃至达到你意想不到的高度。找到真实的自我，即可获得满足感，快乐就会变得容易，内心也更容易平和。心外之物永远不会让人获得满足感，只有向内寻求，你才会得到。

向内寻求，聆听内心的声音。内心的声音总会帮助你找到真实的自我。遵从自己的内心而行动，我们称之为"诚实"。诚实是内外完整统一的，即不仅对他人诚实，也要对自己诚实——言行符合自身所主张的价值观、信念、原则。

品质四：宽容——不要活在后悔里

你总想着"我本该那样"，可是，错过的终究错过了，我们只能向前看而不是对过去的某些事情感到懊悔。沉溺于过往，只会让你困在黑暗里动弹不得——就好比你打开了灯，却用布把眼睛蒙住，然后埋怨周围的世界黑暗。

我们要做的就是扯下那块布。很多人都陷在过往消极的经历中，那些经历反复折磨着你。只要你睁开眼睛，向前看，当下的你早已经不在"过去"之中了。也就是说，只要你愿意，每一个当下的你随时都可以跟过去说再见。过去的记忆只是储存在你脑海里的一段思维，只要你转换思维，它就永远不会成为阻碍你前进的真实障碍。

与其让过去已经发生的、无法改变的事实影响未来，不如让每一个可以把握的当下去影响未来，我们不需要为已经做过的任何事感到后悔，重点是在当下，是接下来怎么做。

我们要学会对自己宽容，对自己的过去宽容。宽容之心与生俱来，当我们无法跟自己和平相处时，我们就需要对自己怀有宽容之心，这能帮助我们从负面的情绪中挣脱出来。我们只有在跟自己和平相处时，才能看清楚真正的机会，不会被过往限制了眼界。

对于我们犯过的错误，我们可以当成是对自己成长的锻炼。对于错误，我们需要去道歉，但不要指望你的每一个道歉都会被接受，而且你要尊重你已经尽力了的事实。道歉，不只是简单地认错，而是审视、承认自己有更好的方式去解决问题。如此一来，你才可以继续前进。

宽容他人最重要的是换位思考，然后才能真正地原谅对方。别人对你做的事你无法改变，但你对那些事的看法可以改变。

宽容是一种需要勇气的行为，能够帮助我们重新建立对自己的信念，以及对周围人的看法，还有助于我们摆脱情绪的束缚。无法宽容过去、接纳过去，就好像拖着伤腿的人，

跑也跑不远。无法宽容自己、宽容别人，就无法获得真正的
快乐，无法正视自己内心，而这正是阻挡成功的关键障碍。

练习

　　请回答以下问题：

　　沉湎于对过去的悔恨中，对你有什么好处吗？

　　心怀怨念，会让你觉得自己很好吗？

　　把过去视为对自己成长的锻炼，有哪些好处？

　　以往的经验对现在要做的决定是否有帮助？

　　当我决定义无反顾地向前冲时，我需要哪些动力？

　　利用自己过去获得的经验和智慧，我能在未来的努力中
取得什么成就？

品质五：耐心——主要品质

耐心对于取得成功是绝对重要的。有耐心的人更容易看清周围的情况，把事情捋顺；没耐心的人面对烦琐的局面就会心浮气躁，对于现状不能做出正确的评估。缺乏耐心，往往会做出不理智的决定，进而对目标的达成产生不利的影响。在与人交往时，缺乏耐心也会导致一些不必要的麻烦。总之，缺乏耐心会使你生活中的方方面面都受到影响，尤其是在你追求梦想时。

根据我的经验，我发现没耐心是绝大多数人半途而废的主要因素。我们想要的东西总是离我们有一定的距离，我们选择原地踏步，似乎总是很容易。每当这个时候，我就会问自己："就这样屈服了，过完一生，自己真的愿意吗？"我们每天都有做不完的事，偏偏就是不去做能帮助我们实现梦想的事。我们打电话给各种朋友，去看电影，去喝咖啡，总之，哪些事可以让我们忘掉"那些很难处理，但对我们帮助极大"的事，我们就去做哪些事。

耐心，需要持之以恒的锻炼。每一次我要失去耐心时，我就会想想自己对屈就的人生的厌恶，想想对理想生活的渴望，便立刻有了前进的动力。

有耐心，就能获得你想要的一切。

——本杰明·富兰克林

我告诉自己，无论生活给了我什么样的考验，必须要做的就一定要坚持下去。训练自己的耐心，是一场对自己毅力的大考验，无论在哪个领域，想要成功就必须有耐心。我建议从驾车、工作和人际关系这三个方面入手开始培养你的耐心。

很多时候，我们都是看到了最终的结果，才会获得满足感。比如，在商业经营中，很多经营者只会把满足感建立在最终获得的利润上。其实，结果是由之前每一个细微的决定汇聚而成的，但总有人不明白。必须经过种种微不足道的琐事的累积，才会有最后的成果。

拥有耐心，实际上等同于你对自己正在做的事情拥有信心，你必须要相信你的目标终将实现。你要竭尽全力，投入其中，当你缺乏耐心的时候，要学会自我控制并保持对目标的渴望，这才是取得最终胜利的关键。这样，在不知不觉中，保持耐心就会成为你的一种习惯。

耐心不是一夜之间就能拥有的，好比锻炼身体，需要日积月累。

——艾克纳·伊斯瓦伦

品质六：奉献精神

用一根蜡烛作为火源，去点燃其他蜡烛，作为火源的蜡烛烛光会变暗吗？把所有的蜡烛聚在一起，会怎样？烛光变亮！

做人也是一样的道理，我们理应去点燃那些有缘相遇的人们的心，人们会感受到你的热情，没有什么比奉献本身更伟大。

你真心帮助别人，别人也会真心帮助你。

——拉尔夫·爱默生

　　一天下午，我和朋友在车里坐着，朋友让一辆车插到了我们前面，然后等着对方向自己道谢，但对方什么表示都没有。朋友向我埋怨，为什么要帮他？我顿时有了这个念头："为什么我们要把自己的善行建立在期待对方感激的基础上呢？"

　　当你深刻地理解了"付出不求回报"的时候，那么你的付出便是纯粹的。基于纯粹的善行，对所有人来说，都是十分了不起的。有些人付出显然是为了求回报，那是真正的付出吗？就算只是求对方一声道谢，实际上也是求一种交换罢了。

　　你应该以自己为荣，不该自满于他人对你的想法和感觉。如果可以从付出中获得真正的快乐，那就非常完美了。要记住，帮助别人成长也是你的成长，反之亦然。要获得真正的满足感，奉献便是方法之一。

　　也有人曾这样问我："难道我非得捐钱给慈善机构？"不，从某种意义上讲，人生中没有什么事是必须要做的，我们所做的每一件事都只是我们的一个选择。关键是我们认清自己的本来面目，使真正的自我获得满足。很多人都不会记得，自己收获过多少人的关爱、慷慨等，这些都是与我们有缘相遇的人免费馈赠给我们的，它们的意义并不下于慈善捐款。不过，话虽如此，去帮助有需要的人，确实是一种最能带来满足感的行为。令人遗憾的是，总会有一些人，认为自己一旦付出了什么，就会失去什么。他们享受别人对自己的赞美和认同，认为这样才能体现自己的重要性。

我们需要认清这一点：当你奉献的同时，必有所得。奉献所带来的满足感就是一种回赠！真正的成功一定不是只有你一个人的成功，而是使你周围人都变得更好。当我们把自己拥有的正能量传递出去，才是对这个世界真正做出了贡献。要在不知不觉中，将奉献变成一种习惯，这个世界才会越来越好。

品质七：放下自我

唯有感恩、奉献、成长，才能带来真正的满足感，这三者都需要我们放下自我意识。过于以自我为中心，往往适得其反——反倒得不到你想要的生活。

　　自我意识过强的人通常没有满足感。他们总是戴着"面具"，他们害怕暴露自己的弱点和错误，他们往往会狠狠地批评别人，却很少审视自己的行为。他们通常只想着自己能够得到多少，却从不考虑自己要付出什么。他们以自我为中心，缺乏奉献精神。即使他们有奉献精神，但还是把自己放在第一位。我们必须告诫自己，我们是世界的一部分，当我们有益于世界的时候，才是真正有益于自己。

　　放下自我十分重要。想让自我得到成长，首先就要学会聆听别人的声音，从别人那里获得养分。而这，就必须把自我放在一边。过于自我的人无法聆听别人意见，因为他们会觉得自己不需要别人的帮助，自己可以搞定一切。

　　曾经，我跟一个地产商喝咖啡时，他就跟我聊到聆听别人意见的重要性。他提到爱尔兰 U2 乐队的主唱博诺，在他还是个胖胖的小孩子时，就到处寻求别人给他建议。戴尔公司的创始人迈克尔·戴尔，当他开始自己的第一份工作——在一家中国餐馆打工时，也时常虚心地聆听老板的教诲。

　　虚心地接受别人的意见，诚心地学习新鲜的事物，是取得成功的关键，这要求我们必须放下自我。如果你的心态不去转变，你那颗充满自我的心，永远都不会得到满足。你的内心总会给出最真实的答案，内心深处的声音永远知道怎么做对你自己才是最好的，当你的行为出了差错，你的内心一定会从一开始就不断地提醒你。然而，你的过分自我，往往关上了你聆听内心声音的大门。要让自己的意识和心灵保持一致，就要放下自我，如果你能做到，那么你离成功就不远了。

如果你感到空虚，那只是因为你还没放下自我，还不够谦逊。在生活里，我们总会遇到可以帮助我们的人，而自我意识往往会蹦出来加以阻碍：或许它不喜欢对方的样子，或许它基于过度的自尊，或许它不愿聆听逆耳的忠言……一定要保持谦逊，自尊和自信扮演着重要的角色，过度自我的人，往往将自信和自尊变成了自负和自大，尽管它们有时候很像，但你的内心会意识到，你所表露出来的究竟是哪一种。

第 4 步

经营关系
——好的感情都需要经营

14. 健康的爱情会成就彼此

感情在日常生活中是非常重要的。曾经我到处去拜访那些情感专家，但我最主要的还是关注普通人的感情生活。我想知道人们真正的感受是什么，包括那些感情不好却还在坚持的人，结婚多年依旧情比金坚的人，找到理想伴侣的人——我想知道他们是怎么想的。我认为感情的状态就像一艘船，一切都取决于它航行的方式。有的船航行在波涛汹涌的大海上，差一点就要翻船；有的船整个航程都一帆风顺；有的船停靠在码头，等待启航。

颠簸——为什么感情总是不稳定？

有个人经常和女朋友吵架，他问我应该怎么办，这个问题并不好回答，因为说实话有时候会伤害别人。有些人会维护另一半，不想让另一半看起来很糟糕。有些人不提自己犯的过错，试图把全部责任都推卸给另一半。

不管是谁都会有防御之心，人们之所以很难吐露实情，是因为许多人认为爱是两人应该坚守相伴的唯一理由。"可是我很爱他／她"，其实这不是两个人一定在一起的理由。我们肯定都很清楚自己会谈很多次恋爱，偶尔还会跟不适合的人在一起。并不是说对方哪些地方不好，只是对方不适合自己罢了。吸引力，加上最初相爱的那些事情，把我们困住了。

我让问我问题的这个人坐下来，问他："你爱她哪些地方？你为什么会跟她在一起？"

他这么回答："她逗我笑，她让我有活力，我为她着迷。我软弱时，她让我坚强起来，她跟我的家人相处得很好，我可以敞开心扉跟她沟通，我爱她。"

　　我继续问他，你爱自己哪些地方。他只给了我三个答案，然后就想不太出来了。如果连自己都找不到自己太多的优点，你怎么能把最好的自己"送给"对方？如果我们希望对方是很优秀的人，那么我们自己就应该也成为那样的人。

　　前几年的情人节，妈妈问我要和谁约会，我说和自己。我想跟自己约会的理由，就是问问自己到底是哪一种人，想从人生中获得什么，什么对我最重要。我就这样做了，那晚我得到了很多答案，也创造出许多改变的机会。

　　我向前面那位男士提出的第一个问题是："你爱她哪些地方？你为什么会跟她在一起？"他给的每个答案都有"我"这个字，这表明他很自我。他的感情关系好像只是为了满足自身的渴望，而不是在帮助彼此成长。于是我对他说："不要说'她逗我笑'，你应该说'她很幽默'。即使她不逗你笑，也没关系。因为她还是很有趣，而你总是能看出这点。你的另一半也有自己的生活圈子，满足你不是她的工作，那只是你自己的工作。不要说'她跟我的家人相处得很好'，应该说'她很爱这个家'。你注意到了吗？态度上小小的转变就能对感情关系带来很大的影响。你必须着眼于另一半的特质，不是光看另一半可以给你什么。"

　　当你发现感情关系的重心开始倾向于满足自我时，你必须提醒自己要把注意力转移到另一半的身上，想想自己跟对方在一起的真正理由，这样才能站在完全不同的立场欣赏对方。承认对方的美好特质会在你们的感情出现问题时支撑着你冷静对待。面对现实，彼此之间难免会有一些争执，如果你只把重心放在自己身上，那这段感情是长久不了的。

　　如果改变自己都很困难，那就不要试图去改变他人。

　　我跟许多人谈过感情的话题，加上我个人的感情经验，我发现我们宁可相信另一半会填满自己内心的缺口，也不相信自己可以做到这件事。这似乎是许多人都面临的问题。当对方基于某种原因不能满足自己要求的时候，就开始吵架、怀疑对方，关系就因此被破坏了。

　　这往往是藏在潜意识中的问题，却也表明我们没有真正意识到这个问题的存在。这背后还隐藏着一个更尖锐的问题：你真的爱对方本来的样子吗？还是说你爱的是对方可以填补你内心的空缺，而你不相信自己可以做到自我满足？你跟对方相遇时，你就已经很清楚知道自己想要的是什么样的伴侣了吗？你真的了解对方吗？还是说你只是被某些东西吸引了？其实，你自己都没有做到的事情，又怎么能要求别人呢？

　　当我们认为没有对方自己就活不下去的时候，感情关系就有了压力。我们会误以为离开对方我们就活不下去了，生活就会乱套。现在我要告诉你，你认为自己需要的一切其实你自己都已经有了，有些只是你还没有发现而已。之所以跟对方在一起，应该是出于你真正喜欢对方，而不是因为你觉得自己需要对方，或一定要拥有对方。

　　活在对别人的期望当中，只会导致更大的失望。当我们对某件事有所期待时，也往往认为我们的伴侣必须要做一些事，这样我们就无法珍惜对方对我们做的其他美好的事情了。实际上，他没有必要做任何事，如果他做了，那只是因为他想去做，而不是他认为自己必须要去那么做。如果你一直要求他做某件事，他也去做了，你会知道那是出于逼迫，你不会因此获得满足感。也有可能那个人真的不适合你，如果他很适合你，一切都会顺其自然发生，你不会觉得自己一直在强迫他。你必须跟自己和平共处，真正了解了对方再跟他在一起。你必须尊重对方也有自己的生活。所谓伴侣，是帮助彼此达成想要的目标，尽量帮助另一半提升人生价值。两个人在一起能够成就彼此，才是健康的感情关系。**人生伴侣不是相互争斗，而是一起克服生活中的种种困难。**以下三种方式可以帮助你打造更完美的感情关系：

1. 掌控自己的情绪，而不是另一半的。

2. 一起规划以后的生活。你希望自己的感情关系是怎样的？你要怎么做才能让感情关系变成那样？双方要做什么才能有那样的感情关系？两个人想要一起达成什么目标？

3. 两个人共同商量，做好规划，让彼此都可以获得渴望的结果。

分手，是在跟自己奋战

一个人是否快乐，都来自自己的决定。人们之所以不快乐，是因为现实没有达到自己的期望。我们的经济状况、情绪状态、感情关系都是如此。

其实，快乐与否，就看你想要得到什么。如果你内心深处觉得这份感情不是你想要的，那就分开吧！很多人分手后又想复合，或者多次尝试分手却始终没有分成。我不禁要问：
"他们是想复合？还是说他们内心还不够坚强、无法真正放
手，害怕未知的情况？"往更深处探究，我多次听到的答案，
就是他们想要分手，想要尝试分开以后的生活，然而他们反
复暗示自己离不开的原因，却从不想自己离得开的原因。等
他们意识到"离不开"其实只是一种选择，自然而然就会明
白其实是离得开的。

以前有一段时间，我内心的声音是：我不想再继续那段
感情了。如果我每次都忍住这个想法，那我就存一美元，这
样我就会有很多钱了。但我总忍不住地想：离开这段感情
吧。直到有一天我终于发现："这个人不适合我，放手吧。"

**人生最遗憾的事在于有时认为遇到了对自己很重要的
人，最后却发现从来就不是如此，这时候你必须放手才行。**

如果你曾经在一段感情中没有得到满足，最终鼓足了离
开的勇气，你就会发现，当时做决定时是痛苦的，但一切都
结束之后的世界是很美好的。

很多时候，我们总是试图弄清楚另一半在想什么，这往
往会把自己逼疯。为什么对方会那样做？为什么对方要伤害

我？为什么对方会有那样的行为？可是我们又会怎么做呢？我们怪罪对方，其实就是在为自己推卸责任，忘了问题永远不在于对方做了什么，而在于我们任由对方去做什么。你必须对自己负责，掌控自己的情绪和心理状态，这样事情才会往我们渴望的结果去发展。如果对方不愿改变，那你就必须改变。在我看来，一个人能给自己多少爱，就可以付出多少爱。

　　判断一个人是否能成为自己的人生伴侣时，首先要看三观是否一致。说到底，我们的价值观就是我们过日子的依据。我有一位朋友，她希望到处旅游，并且生个孩子。但是她的另一半却认为旅游浪费钱，而且也不想要孩子。很显然，他们当初在一起的时候，都没有弄清楚自己对另一半的要求，等到发现问题的时候，她已经非常爱他了。可是另一半不想让步。

　　很显然，他们对待生活的看法截然不同。

　　于是我要她写下她想做的所有事情，并且确认对方的性格能不能使两人一起成长。她发现自己为了他，几乎把清单上列出的所有事都抛下了。因此，她必须为此负责，不要只怪罪对方。

对方没有错，那些不是他对人生的期望。她要活出自己的人生，就必须离开他。这段感情维持了五年，最后她决定分手。这对于她来说并不容易，但是她做出了最好的决定。在她的人生清单里，"想要小孩"是非常重要的事情。她从过去的感情中总结经验，思绪变得更加清晰，而我们也可以学习这种方法并获得成长。

不要因为另一半而失去自我。

如果我们最重视的事情跟另一半期待的不一样，感情又怎么会一帆风顺呢？

你之所以会跟对方发生冲突，是因为你认为重要的事情，对方认为不重要。没人喜欢自己的意见或看法遭受质疑，因为那些代表我们的价值观，而我们的价值观在某种意义上也决定了我们的人生。如果你在做某个决定时犹豫不决，那是因为你还不确定自己想要什么。

虽然和另一半的价值观截然不同，支持的事物也完全不同，但是许多人还是会勉强接受，尽管会矛盾不断，许多因素让彼此互相折磨。所以，我的建议就是一定要把价值观放在挑选另一半的重要位置上。如果出现矛盾，而且你在这段感情中感觉不快乐，而对方也不会做出改变，那你就应该重新评估这段感情了。

　　除此之外，很多人会混淆性欲和爱，刚遇见某个人就迷恋对方，却不曾真正了解对方。然后我们渴望对方关注自己，却遭到忽视，因而觉得十分委屈。我想我们都有过这种感受！如果深究原因，就会明白你其实渴望的是获得关注。如果我们过于在乎别人的关注，那就说明我们还不够自信。我们经常忽视自己，所以变得需要别人的关心。从根本上来说，那个人不过是一面镜子，要你必须学会爱自己。自己是否快乐不应该受到别人的影响。

　　我们最重视的东西、人生目标、道德规范，都对我们的生活有很大的影响。你最重视的一些事情比如说是获得尊重、能和他人好好沟通、跟另一半度假，但对方对这类事情的看法或许不同。别人也许觉得三天后再回你的信息很正常，而你却不能接受这种行为。也许你认为和对方一起做的计划必须要完成，但是别人却不这样认为。我觉得有时候是需要做出一些让步的，但是一个人不可能长时间接受自己不认同的事情。你的另一半应该给你安全感，而不是让你一直如履薄冰。

人们的价值观各不相同，但是一些基本的诉求都是一样的。其中一个就是要求对方爱的是真正的自己，而不是那个活在面具下面的自己。我们需要价值观基本一致的人帮助我们成长。要是对方的价值观跟自己不一样，双方就很难互相理解，彼此都会觉得活得很累。我的意思不是要你别跟性格不同的人在一起，而是要你细心观察另一半的价值观。"找不到另一半"的想法或许会使你暂时迷失方向，但你应该相信，你肯定可以找到另一半的。

前任，对我们来说也是至关重要的，因为他们让我们获得成长，让我们看清了哪些是自己不想要的，哪些是自己想要的。

和不是真正想在一起的人交往，完全是在浪费人生。我们总是认为想要展现真正的自我很难，其实更难的是一直活在谎言里。

也许有些因素会让你感到困惑，但是内心深处的声音会告诉你真相。我会引导自己的想法和感受，让自己挣脱以往的感情枷锁，在脑海中勾勒出自己想要的生活画面。现实很残酷，分手时总有一个人受到的伤害更大，但从长久来看，你并未伤害对方。对方迟早会明白这点，毕竟比起跟不合适的人硬耗着，分手这种行为好多了。分开有时反而是对恋人负责，对方没有立刻体会到这点也没关系。

如果恋人和你说分手，你很伤心，我想告诉你："你可能只是在和自己过不去。"你之所以难过，是因为你全身心地付出了，觉得自己牺牲太多。但是我要赞美你的勇气，你勇于表露自己的感情，而这也是让对方感受到爱的唯一的途径。困难的是你该如何说服自己，而不是他人。你要做的是找回自我，重建跟自己美好而又和谐的关系，一切就会水到渠成！希望你在这趟旅程中一切顺利，提升自己，获得满足感，也更了解自己。

我们不该用恋人的存在来填补自己的情感缺口，对方的存在应该是让我们已经填满的缺口变得更完美。

停泊——如何找到适合的对象？

你想走进我的人生，我欢迎你；你想走出我的人生，我欢送你。我只有一个要求……不要站在门口，挡住别人进出的路。

——佚名

　　如果你正在等待起航，那么这是一个非常好的时机。做出正确的决定，采取适当的行动，就会吸引到以前从未接触过的人。理想中的伴侣与其说是童话故事，不如说是有待发生的现实。正如前文所述，你关注什么，肯定就会找到什么。例如，如果我们说"我希望对方能够尊重我"或"我不希望对方很自私"。那么你肯定就会时时留意到不尊重人、很自私的行为。我们往往会因为之前的感情经历损害目前的感情关系。我们现在知道了哪些性格的人是自己绝对不想要的，所以会一直把注意力放在这上面，一旦前面出现阻碍，我们就会有防御之心，这样我们怎么会获得自己真正想要的感情呢？

　　举个例子，假如你认为分手的原因，是对方不适合自己，而不肯承认自己也有不足。那么，在你的潜意识里，你会向每一个你遇到的人展示自己的正确性。就好像你一直在盼着对方做错事情，这样就能证明自己是对的。即便对方说的话、做的事或许是无意的，可是在你眼里却是一场大灾难，因为不管什么事你都会联想到自己的那个信念。于是你不由得怀疑起同样的问题为何一再出现，你碰到的每个人为什么都一样。

　　我们身上总是会发生类似的事情，我不相信这都是巧合。就算你觉得这是巧合，难道你就没有想过类似的事情已经多到不能用巧合来解释了吗？如果同样的事情一再发生在你身上，难道你不认为需要做出改变的是你自己吗？如果你一直持有这种态度，那么没有人会想和你在一起。你必须把注意力放在自己想要的地方上，才能做出改变。人的一生中会有很多次机会去抓住自己想要的东西，但是要不要抓住还得看你的选择，所有的改变都是从你开始的。

如何吸引到理想的伴侣？

　　要创造与众不同的东西，就必须采取与众不同的做法！

　　通常我们买东西时会列出一个清单，把需要买的都写在上面。如果没有清单，有时候就会买错东西，本来想买西兰花，却买了巧克力，等回到家吃巧克力的时候才发现买错了东西。我想说的是，想得到自己期望的另一半，就必须实际一点。我们必须明确知道自己在人生中真正想要什么，才能获得什么。所有出现的东西都不是巧合，都是始于脑海里创造的画面，我们应该把它写下来。这样一来，就可以参考写好的清单，提醒自己真正想要什么，写得越清楚，就越能帮助我们做出改变。一定要记住，我们不一定能获得自己想要的，可是有一些东西是我们必须要有的。对于必须要有的东西永远不要妥协，而对其他想要的不妨睁一只眼闭一只眼。我不会因为对方的脚不是理想的尺寸就拒人于千里之外，我也不会带着列出的清单去约会。

事情并非总会按照你的想法去发展，我们不应该把重点放在自己可以从对方那里获得什么，而应该放在自己可以付出什么。不要一直不停地谈恋爱，却还指望适合自己的那个人能突然出现。只要一开始就有信心，用自己的心努力寻找，总会找到的。

练习一：明确你想要的

写下你对于理想伴侣的期待，精神上、心理上、生理上、情感上、经济上的条件，全部写下来。记住，一定要把自己想要的写出来，而不是自己不想要的。比如，写成"我希望对方尊重我"，不要写成"我不希望对方不尊重我"。

既然已写下理想伴侣的条件，你可以问问自己：

1. 对方为什么想和我在一起？

2. 我要做些什么才能吸引对方？

3. 如果自己完全符合清单上的要求，我会跟自己约会吗？

你需要对自己完全坦诚，才能得到真正的答案和好的结果。如果清单上写着你希望对方身体健康，那你肯定不会和每天吃垃圾食品的人在一起；如果你酗酒，清单上却写着希望对方滴酒不沾，这就是矛盾的。如果你想快乐，那你肯定不想每天都和愁眉苦脸的人在一起。在此只举几个例子，但你肯定明白我的意思了。我们试图让自己相信，我们可以得到我们想要的东西，而不需要先做改变。我们必须在我们想要的和我们将要做的之间取得平衡，因为这可以帮助我们增加信心。

练习二：做出改变

回到清单，留意自己可以做哪些事来吸引对方。找出你必须做出的改变，让自己符合清单上列出的特质。比如说，如果你希望对方的行为举止令人愉快，但你总是尖酸刻薄，那么就有矛盾了。做出改变吧！

练习三：场合要正确

如果想遇见某个人，一定要选择适宜的场合，这样我们才能增加与那个人见面的机会。如果你希望对方很顾家，那你在酒吧肯定遇不到这样的人。如果你希望对方注重养生，对方在快餐店用餐的概率微乎其微。虽然道理很简单，但你一定要好好想想才行。想要找到那个人，就一定要在适合的地点去寻找。

练习四：要有耐心

最后一个也是最重要的，就是要有耐心。不要一没耐心就妥协屈就，否则肯定会不快乐，这对另一方也不公平。美好的事情往往发生在美好的人身上。先把精力放在如何能让自己获得成长上，做出改变，让内在变得美好起来，然后你就能吸引到别人。

有些人害怕恋爱，因为他们觉得恋爱会让他们对别人产生依赖。我们总是希望自己不依赖任何人或者事。但实际上，我们总是要依赖他人，人是具有依赖性的。我们依赖店家贩卖蔬果，依赖人们购买我们的产品，依赖亲友安慰我们，由此可见，我们一辈子都活在依赖关系中。依赖别人没关系，毕竟我们全都在同一艘船上。唯一的挑战是你需要在独立和依赖之间找到平衡。很多人都认为恋爱会对自己有所限制，如果你吸引到的人符合你的心意，那么你们双方会真正做到相辅相成。**不要害怕依赖，但也不要把你的幸福建立在另一个人身上。你是唯一能真正满足自己的人。**

15. 多跟优秀的人来往

远离那些试图贬低你的抱负的人。小人物总是这样做，但真正伟大的人会让你相信你也会变得伟大。

——马克·吐温

一次，我想去宠物店买条鱼送给侄子。我告诉店员，鱼缸很小，不要那种会长得太大的鱼。他向我保证，说我完全不用担心，因为大部分鱼类的体型会随环境大小而定，长到一定程度就会停止生长。这同样适合人类，人会适应日常来往的人和周围的环境，适者生存。

俗话说，近朱者赤，近墨者黑。由此可见，你要花费多少时间、跟谁来往，必须要有正确的选择，如果踏错一步，就会给自己带来很坏的影响。

我十三岁时，跟小伙伴一起惹了麻烦，爷爷对我说："你跟垃圾混在一起，就会变臭。"大家肯定也相当清楚，有些调皮小男孩的行为相当恶劣！爷爷的说法虽然粗俗却很形象。

我不是要你远离你的朋友，但如果对方阻碍你达成目标，你就应该减少彼此的来往。如果你内心的声音告诉你必须把一些朋友舍弃掉才是最好的选择，那么就舍弃掉吧。如果你想学好中文，但是每天却和一些讲西班牙语的人混在一起，你认为你更能学好哪种语言呢？

人生中总是会有必须行动的时候，就算不能和好友同行，你也要行动。

——甘地

很多时候，我们会下意识地去调整自己的心理、语言和行为，以使其和目标保持一致。我们这么做也是为了满足自己，让自己的存在有价值。有时我们会认为一旦自己做出了重大改变，朋友或许会笑话我们。他们有时的确会这样，这时我希望你可以问问自己："如果我做出了好的改变，他们却用嘲笑的眼光看我，他们真的是值得交的朋友吗？"你最亲密的朋友笑你时，可能是出于对你的爱，他们会觉得你做出改变之后，会离他们而去，或者让他们觉得自己不重要了。我很清楚，没人想那样对待朋友，但你也必须承认一点，你必须努力地活出精彩的人生。终归，那是他们自己的问题，你可以做的就是和他们好好沟通。真正的朋友，会理解你的。

我也常听朋友跟我说："你只活一次，应及时行乐，莫负好时光。"当你选择放纵的时候，这确实是个很强大的理由。但是，如果换成"你只活一次，为什么还要把时光浪费在这些没有意义的事情上面？"这样，"你只活一次"就不成为放纵的理由了。每当我几乎屈服于"你只活一次"而要放纵自我的时候，我就会意识到，我肯定会为之付出代价。正确的回答应该是这样："对，我只活一次，所以我要用尽全力活出精彩的人生。"

我经常听到人们在抱怨说自己被迫去做某件事。这个很悲哀，他们只是在用逃避的态度面对生活。当你躺在床上想问题时，只有你给自己答案。为什么还没达成目标，为什么以前会做那种事，为什么现在很痛苦？只有你能找到真实的答案，所以要学会把控自己的人生，给自己更多信心，尽全力活出精彩的人生。

当别人都离开你的时候，只有真正的朋友才会接近你。

——沃尔特·温切尔

因为你做出巨大改变而批评你的人，谁会在乎他们的看法呢？在你的生活中，不可能一遇到问题就有人来帮助你。经常嘲笑你的人，是因为嫉妒。他们对生活一无所知，如果你仔细观察，就会发现他们的生活理不清头绪，很悲哀。你是否留意过那些消极的人会花很多时间和消极的人在一起？你想放弃你的梦想，和他们一样吗？我觉得你不会。这些人不会相信任何人，包括他们自己。正如我先前所说，有些人经常戏弄我、嘲笑我，说我疯了，而我只不过是比以前更加热爱生活罢了。他们说我的想法永远行不通，可是他们很快就会大吃一惊。没有人能阻挡我前进的脚步。有好几次我也想要放弃，这种时候就必须更加坚定才行，只要越过一个障碍，克服剩下的困难就会容易很多。我没有崩溃、放弃，反而把阻碍当成燃料，让燃料推动我前进，去实现目标。有时候，人们会把你正在做的事情当成是对他们的威胁，他们会没有安全感。那是他们的错，你可千万不要因此就放弃了。

卓越的人用批评者丢来的石头树立丰碑。

——罗宾·夏尔马

有一天，我和一个朋友说起我身上的改变，他告诉我："我知道你的变化，我非常替你高兴，但是我觉得我们还是不要讨论这件事了，因为我始终都会支持你的。"我尊重他的想法，不管他做出哪种选择，我们都是朋友。我没有生气，反而很感激他能够坦诚对我。后来，当他遇到事情来问我意见的时候，我也很乐意提供帮助。把你的改变告诉朋友，但是不要试图把你的信念强加在对方身上，这样可能会让对方反感。如果你做出了巨大的改变，周围的人是会看出来的，也许他们会来问你是怎么做到的。

人以群分，如果你想成为优秀的画家，肯定不会和擅长打鼓的人玩在一起，你应该和同路人相处，倾听他们的意见。直接去找同路人里的佼佼者吧！

　　真正的朋友，即使你在他们面前表现得很蠢，你也不会感到丢脸。一定要好好去维持这段友谊，那是帮助我们找回初心的大好机会！

　　以前我做私人教练的时候，如果是两个体重都超标的人一起来报名，他们多半坚持不了太长时间；如果是一胖一瘦的人一起健身，用不了多久两个人的身材都会变好。想要成为什么样的人，就必须经常接触什么样的人。

　　如果想有所成就，就必须选择那些已经取得成就的人，向他们学习。学习的时候，态度要谦虚、热情。你必须让对方知道你很有毅力，只要能够学到东西，你什么都应该尽力去做。记住，不管我们认为自己的进步有多大，总有人可以让我们学习。跟那些优秀的人来往，你的层次也会得到提高。

第 5 步

强健体魄
——灵活的头脑无法存在于
笨拙的身体中

16. 唤醒身体就是唤醒生活

　　顶尖的职业运动员多半有私人运动教练和私人心理教练，没有心理教练的运动员也都是自己进行心理训练。可是，有一件事肯定没错：强大的内心是他们成功的关键。顶尖运动员都懂得心理和体能的重要性。可惜相当多的人不了解这一点，有些人正是因为缺少心理训练，所以疏于运动。

　　大家都只知道锻炼身体，却不知道为什么要锻炼身体。我做私人教练时教过的很多人都犯了一个很大的错误，他们都只想要有好的身材，却因为没有达到目标，郁郁寡欢。实际上那些能够达到目标的人，都会遇到同样的情况，他们选择坚持下去。如果你暂时还没有获得理想的身材，不要难过，要勇敢面对，因为你知道它总会实现的。

　　如果连自己的身体都不爱惜，那么身体又怎么会爱你呢？在人生这趟旅程中，身体是载着我们前行的船，你会在船身打个洞吗？当然不会，否则船沉了我们都会溺水而亡。

假如你看到新闻报道说有人故意破坏杰出的画作，你会有什么样的感受呢？可能会很难过，或者愤怒吧，可是我们总是持续破坏身体这幅"艺术杰作"。我们的心灵与我们的身体是一体的，所以当一个失去平衡时，另一个就会被破坏，而且某些东西注定会瓦解。

保持清醒并好好活着

欲望使你采取行动，而仪式感使你的行动固化为习惯。

如果我们没有健康的饮食习惯，缺乏运动，身体就会抗议，比如生病、疼痛，身体也会要求我们尊重它。每个人的生活方式都不一样。作为一名作家，我很少早起。有时候半夜突然来了灵感，我就一定要写下来。如果我醒了，我就会保持高效率的工作状态。你认为那些获得伟大成就的人会每天从起床就开始拖拖拉拉，一整天都精神萎靡吗？当然不是。他们会像通了电的机器一样，开始一天的生活。你有没有注意到自己很累时会伸懒腰、打呵欠、动作迟缓？这是体温正在下降的时候。体温调节你的身体，肌肉会收到这样的信息：

　　"现在要放松睡觉了。"就像运动完以后，都应该做缓慢又放松的伸展动作让肌肉得到休息。比如说，坐下来，做一些拉伸。这些动作都是缓缓进行的，肌肉必须恢复原状，所以静态拉伸很适合让肌肉得到休息。那么问题来了："我们为什么每天早上醒来后，还要像睡觉前或运动后那样慢慢地活动呢？"

　　因为，醒来以后不是要让身体休息，而是要叫醒身体！观察当今的职业运动团队，就会发现他们都是通过快速动作、快速呼吸来暖身。这种暖身动作被称为动态伸展，目前已经全面取代了赛前的静态伸展动作。比赛前，运动员可不希望肌肉进入休息状态，如果肌肉进入休息状态，运动员很有可能会受伤，表现也会失常。

　　细想就知道，与其让肌肉在赛前休息，不如让肌肉运动起来，这样会更好。要让身体发挥最大作用，就必须以那些顶尖的人为榜样。世界各地的顶尖教练和专业人士都是以比自己更强的人为榜样。下面的练习从来没有让我失望，相信对你也有效。

　　一听到闹钟就立刻起床，尽量睁大眼睛，开始快速深呼吸。呼吸时，做动态伸展动作。动作一定要快。比如说，开合跳、弯腰触碰脚趾等。如果可以，深呼吸时，将空气一次吸入鼻孔，再分三次呼出来，同时快速伸展肢体。为求达到最理想的状态，也可以发出声音进行辅助。在不影响别人的情况下，我建议你发出声音。如果你认为这种做法对自己不管用，那请你下次睡醒后试试吧。

科学证明，快速深呼吸加上快速的肢体动作可以加速身体的新陈代谢，唤醒肌肉，使能量得到不断循环。让身体产生更多的活力的唯一方法，就是用能量叫醒身体。如果动作缓慢，肌肉就会缺乏活力。如果这些练习不能让你立刻清醒，持续做三到五分钟就能达到最佳状态。喝两杯水，想想一天的目标和规划，这需要五分钟的时间。早上起床做的这些事情会让你一整天都充满活力。

成功健身十大诀窍

要想让体能训练产生最大的效果，下面是一些很有效的方法。

诀窍一：入门

如果条件允许，你可以请个私人教练，即使每周只有半个小时也行，这样可以了解到一些正确的健身方法。朋友推荐通常是找到优秀教练的好办法。如果朋友打电话给你，一边喘气一边说："唉，他们真的很厉害。"那就表示教练不错。

不论什么方法，只要能让你动起来，就立即采取行动吧。走路、跑步、单脚跳、双脚跳都可以，只要有动作就行。无论你有什么想法，都不要给自己不想运动找借口！病痛多半是缺乏锻炼所致，并不是因为锻炼身体导致的。

诀窍二：务必要乐在其中

第一次训练不要过量，否则你会被吓跑的。记住，凡事都要循序渐进，你要让你的身体逐步突破舒适区。

诀窍三：音乐

健身时很适合听音乐，不要听古典乐，那会让人没有精神。可以听一些节奏感比较强的音乐。

诀窍四：HIIT 健身法

HIIT 是指 High Intensity Interval Training 高强度间歇训练，经证明是燃烧脂肪的最佳方法。举例来说，跑一分钟，然后快走五分钟，重复这个过程三十至六十分钟，时间长短视身体状况而定。

诀窍五：TABATA 间歇训练

TABATA 以其发明人的姓名命名。TABATA 间歇训练可以看成是 HIIT 的进阶训练，包括增加时间和强度，效果也十分惊人。大多数的 TABATA 运动都可以在家里做，所以不要为自己找借口。该训练是以四分钟的强度间歇训练／循环训练为基础。以下是范例：

1. 拿两个一样重的哑铃，准备一个可以踩上去的东西（比如能移动的台阶垫子）。

2. 一边踩到台阶垫子上，一边把两个哑铃高举过头，要一气呵成。下台阶时，把两个哑铃往下放到身侧。

3. 重复前述动作二十秒，然后休息十秒。再重复七次，一共做八组动作。

以上动作总共有四分钟的锻炼时间，可采取几种不同的锻炼方式，目标是锻炼整个身体，至少锻炼到主肌群，可用杠铃、哑铃、壶铃来辅助，亦可徒手训练，网络上能找到大量的示范视频。

诀窍六：专注于肌肉

健身时注意力放在锻炼的特定肌肉上，健身会更有成效，进而加强肌肉的力量。例如，做仰卧推举时，专注于胸部的肌肉。

诀窍七：强化信念

健身是思考的最佳时机。在你的大脑中，强化那些能带给你动力的信念。慢跑或健步走时，我会一直告诉自己"我很强壮"。只要一走神，就把自己拉回来，重新专注想着那个句子。

诀窍八：姿势正确

不要为了举起更重的东西，就放弃正确的姿势。如果姿势错误，效果往往也会打折扣。也就是说，如果不能用正确的方法锻炼，受伤的概率就会增加。不管是走路还是跑步，都是如此。为了保持挺拔的姿势，你可以试试这个诀窍——挺胸，肩膀往后缩，下巴跟地面平行。

诀窍九：愿景

为自己设立一个诱人的愿景。想象你理想中的身材，不断暗示自己身体会变强健，并把自己全部的注意力都放在上面。如果你每天想象并体验成功的情绪，就能获得巨大的鼓舞。把目标当作现实，让自己兴奋起来，然后去达到它。除了你自己，没有什么能阻止你！

诀窍十：向上提升

当你觉得现在做的动作很轻松时，就给自己增加一些强度吧。通常，健身会遇到平台期，此时人们会觉得自己没有任何进步，没有达到新的水准。根据我的经验，这种情况通常发生在同一健身计划重复进行八周后。我们必须持续进行同一健身计划至少六周，然后混合进来别的计划。这样一来，不但能让健身更加有趣，也能促进自己进步。觉得健身计划开始变得有点轻松的时候，就增加强度吧。

健身计划要把力量训练与有氧运动结合起来，一开始每周至少运动三天。喝大量的水，减少咖啡因的摄取（最好不要喝），你需要给身体充足的水分。

17. 减重不是健身的首要目的

　　如果你健身只是为了减重——这个观念是消极的，会让你产生压力。然后就会不断地有 "失败、失败、失败" 的字眼跑出来。一旦有了失败的想法，就会负担缠身，成功的可能性就会降低，所以很多人最终并没有取得理想的效果。于是减重这两个字，就好像一个永远不会出现的将来时。

　　很多杂志上模特的样子，实际上是营养不良，或者经过修图才呈现出来的。他们为了得到工作，冒着极大的健康风险。我在时尚界、健身界都工作过，对模特还有其他相关工作人员都很了解。有很多漂亮的模特对自己的外表都没有自信，他们中的一些人也是我遇到过的最不快乐、最没有满足感的人。如果你不是真心喜欢自己的生活方式，即使你的外表再好看，你也不会得到源自内心的满足。快乐将变得很难，而且这种状态会一直持续下去。有时候，这种心态会折磨人一辈子，让我们忘了怎么去拥有美好的生活。

无论怎样，全神贯注于感受都是成功的关键。一定要转换心态，把注意力放在如何能让自己变得健康上面。你的感受才是最重要的，而不是别人眼中看到的你的样子。每个人的喜好都不一样，如果在意别人的眼光，那将永远没有尽头。难道当我们开始变老、身材不如年轻时那么好，就要讨厌自己吗？我们的身体是一台极其精密的机器，应该用心保养和关爱。运动时，一定要注重自己的感受，把"先是外表好看，再是感觉开心"换成"先是感觉开心，再是外表好看"，这是保持快乐的关键所在。

我认为不应该用体重秤来衡量你的健身效果。健身肯定会使肌肉得到训练，我们健身的目的是减掉脂肪增加肌肉。体重秤有时会让你产生挫败感，我建议不要总是去称量自己的体重。如果你只注重外表，那么短时间内是看不到成效的；如果你更注重感受，却可以立竿见影。

我认识的一个热爱健身的人身体很好，但他总是抱怨自己的身材。他总能挑出自己身材上的毛病，因为他沉迷于外表，所以情绪和心态都受到了影响。

　　用挑剔的眼光看待自己，那么所有人都是不完美的，但是我宁愿相信我们都是完美的。正是因为我们的不完美才让我们各具特色，如果大家都一样，那就没有意思了。对于吸引力的理解，我们各持不同的观点。只要你觉得开心，你在别人的眼中就都是有吸引力的。你的热情会散发出去，影响到别人。如果你更注重你的感受，你会发现你的身材也会发生变化。我给很多人当过私人教练，那些只从外表中获得快乐的人，快乐永远不会长久，他们的内心也不会感到满足。注重感受的人会认识到，让身体健康才是正确的。如果只在意减重，那这件事会把我们逼疯的，努力变得健康才是我们应该坚持下去的。

第 6 步

滋养心灵
——寻找生命的意义

18. 内观能开启人生的真谛

　　我在写这本书的时候，一直想去亚洲和那里的修行人好好聊聊。虽然，我也能得到内心的平静，但是我却总想知道那些僧侣的内心究竟是怎样的，以及在不同的社会文化背景、地理环境下，东方人内心的平静和我有怎样的异同。于是，我决定开始行动，然后把心得写在书里。

　　大概是有了这个念头的三个星期后，我在写稿子时，收到了凯蒂发来的信息。我和凯蒂认识的时间并不长，她告诉我她要出差去泰国曼谷考察几家酒店，问我想不想一起去，时间一周，公费。我很惊讶，问她为什么邀我一起去。她说她觉得我还不错，虽然相识时间不久，但很值得别人信任。

　　我突然觉得，自己能有如此心想事成的好运气，原因绝对是来自我自身的改变。如果当初我遇见凯蒂的时候，还是

那个消沉的自己，还一直保持着之前的想法和行为，那我永
远不会有这个好运气。

当你变得积极、阳光，就会给人留下好的印象，而往往
在不经意间，别人对你的好印象就会给你带来你意想不到的
好运。所以，积极的心态可以带来好运，而好运更会带来积
极的心态。

于是我开始准备亚洲之行的计划，在网上搜寻想要拜会
的僧侣。我的目标是那些真正得道的高僧大德，而不是随便
什么人。我发了很多邮件，却没有人回复我。但是我没有
灰心，还是继续坚持下去。后来，有人建议我探访曼谷皇宫
寺庙，到那里跟僧侣们打探。出发前一周，凯蒂把行程表发
送给我，询问我的意见：

第一天：抵达曼谷，在旅馆吃晚餐。

第二天：去购物，吃午餐等。

第三天：吃早餐，去暹罗百丽宫商场等。

第四天：皇宫寺庙之旅，有英语导游。

皇宫寺庙，太好了！凯蒂仿佛与我心有灵犀，就是为了帮助我实现愿望似的。我在房间里跪了下来，大喊："谢谢你！"我看完这封电子邮件，决定打电话给凯蒂，让她知道事件的始末。她非常诧异，还跟我说，她会联系她的泰国朋友潘贾，看他能不能安排我跟僧侣会面。

出发的前一天晚上，我们跟潘贾见了面，一起共进晚餐。我把自己的愿望跟他说了，我们聊得很深入。潘贾敞开心扉，与我畅聊人生，我们很快就成了朋友。他说，他很惊讶，他觉得我看起来不像是那种乐观的人。然后他笑了，说他学会了不应该用外表去判断一个人。这太有意思了！

向前一步

清静为天下正。

——老子

终于要去皇宫寺庙了，导游山姆来接我们。山姆是前一天接到的通知，他有个兄弟正好在寺庙里。山姆和潘贾沟通后，安排我与寺庙里一位备受泰国人尊敬的高僧会面。高僧经常到全世界弘法，前一天才返回泰国，见他一面并不容易。山姆提醒我，这事能不能成还要等对方的确认。我用坚定的语气告诉他，会成的。最终，我得到了对方的确认。

我始终相信我可以见到高僧。这位高僧不仅是哲学博士，还有好几个硕士学位，并负责教导其他僧侣。他上过电视、电台，走访过很多国家，精研修心之道。他的名言被刻在钥匙扣上，多次代表泰国出席世界和平峰会，很多国家的领导人都知道他。他对我说，几个礼拜前他刚见过澳大利亚的总理。最重要的，我希望是私下会面，没有别人在场。

我知道高僧很忙，我只有半个小时左右的时间，所以，我似乎应该简明扼要地说出我的想法，尽管实际上我可能需要更多的时间。但是，我决定放轻松，一切随心随缘。最后，我们谈了两个多小时，他还请我两天后再来。两天后，我们又谈了几个小时，还交换了礼物和联络方式，成了朋友。我把我们的对话记录了下来。

降伏其心——第一次

心灵就像降落伞，打开了才有作用。

——詹姆斯·杜瓦

我来到寺庙的时候，内心充满了兴奋和紧张。高僧是一位瘦弱的老人，令人印象深刻。我被安排在高僧的前方坐下。一位谦卑的僧侣走了进来，把水端给我们。我们喝了水，开始进入交流。直面高僧，我能够感受到他那泰然自若的平静。他的神态举止是我在西方世界里从未见过的，我珍惜他说出的每一个字。

起初，我们聊了一些基本的佛教仪式，如点蜡烛、点香等。他没有西方式地传教，也不要求你追随他的信仰。他发自内心地和人谈心，这让我深感敬佩。

他的话微言大义，字字铿锵有力。下面是高僧说的一些话：

人不要盲信，也不要迷信。应该试着和自己的信念好好辩论一番。真正的快乐只来自你的内心。

不去修炼内心，人就会变得脆弱。

正道是人人都能走的，是和平与爱，是使我们唯一能得到真正喜悦的道路。

接下来是八正道：正见、正思维、正业、正语、正精进、正命、正念、正定。

正见： 明白事情的发生都有缘由，不仅仅是当下所呈现出的样子。时刻保持正见。爱自己，才会爱别人，因为你更懂得了什么是爱。人皆有恻隐之心、同理之心。正见方可正行。

正思维： 思考时，一定要有正确的观念。不管遇到什么情况，都要舍弃私心，要慈善仁爱，坚忍不拔。心要净。

心会受到贪、嗔、痴的影响，必须消除这些才行。

人就是因为物欲的束缚，内心才不自由。

唯有静虑、安忍、智慧才能解脱。

正业： 身、口、意三业正确。

正语：不妄语，不欺瞒。对人、对己都要友善。

正精进：以正道进取，君子爱财，取之有道。

正命：必须要有正当的谋生手段。不要违法乱纪，违背公序良俗。

正念：必须修炼内心。以正念和智慧控制心念。心生烦恼，就试着保持正念。聚精会神。安住心。感受内心。坚定正念与智慧。

正定：心不快乐就会生烦恼，应保持静虑，集中注意力。修持观息法，即经由鼻子吸气、呼气，静坐，掌控心念。专注于呼吸与思考。

以下是高僧最后对我说的一些话：

万物皆由心生，心外无物。

心主宰肉身，主宰行动，主宰人生。

人往往屈服于妄念——贪、嗔、痴，应努力消除。

我们交换了联系方式，高僧有意在几天后和我再进行一次会谈，我很开心。

降伏其心——第二次

　　下午一点半，我来到寺庙，僧侣们都对我点头微笑，他们前两天就见过我了。我不晓得高僧对他们说了什么，但他们对我都很亲切，这让我很感动。僧侣端水给我，请我坐下。我在寺庙的花园里，感受到了平静、平和、爱，这股能量相当惊人。尽管，气温高达40℃，但我似乎已经忘记了天气的炎热。高僧双腿盘起坐在神龛下，穿着橙色僧袍。他见我进来，便从薄薄的坐垫上起身朝我走了过来，跟我一样坐在硬邦邦的地面上，然后开口说话。

正确地帮助别人

　　如果有人来到你面前，请你布施鱼给他，比较好的做法是不要只给他鱼。如果你只给了他鱼，他会一直来向你要鱼。你必须教他钓鱼才行。他学会了钓鱼，不但可以钓到很多鱼，而且可以教别人钓鱼。

以身作则

有的人可能很有学问，却永远不会付诸行动。不要过着像勺子一样的生活，勺子只可以用来帮助你吃东西，自己却永远尝不到实物的味道。

我们获取知识，形成智慧，然后必须付诸行动。

有些人懂得很多，却永远不付诸行动。要学而时习之，知行合一。

有些事情不合常理，你可以去思考、探究真相，但要相信用智慧得到的答案。

一个人的是非对错取决于他的行为。

除非心灵获得解脱，否则一旦做出错误的事，连自己的内心都不能接受。

快乐

短暂的喜悦：吃美食，坐在舒适的椅子上。

获得的喜悦：买新表，买漂亮衣服，买好车，家人让你感觉幸福。

抵达的喜悦：发自内心，觉醒，必须心定。

● 这才是真正的幸福。

● 由物质获得的快乐，不是真正的快乐。

● 我们的认知必须正确、清净、纯粹。嗔怒越少，贪欲越少。必须时时以想法和行为控制欲望，不要受情绪的支配。

当你失去一些东西时，错觉会开始出现，你会开始焦虑。

身外之物生不带来，死不带去。我们不需要昂贵的金表，金表也永远不会让我们感受到真正的快乐，也永远不能让我们避免悲伤。

人人都需要平静，从里到外都是如此。外在的平静很容易，一辆豪车带给你的只是短暂的快乐，这种快乐是容易复制的。内心的平静最难以达到。唯有正念才能保持快乐。

我们必须先有正念，有了正念在任何时候都能安住心，并运用智慧来引领自己。容易嗔怒的人没有正念，也没有恒心。

内观才能开启生命的真谛

高僧接着和我聊了聊泰国南部的年轻人如何在学校里学习伦理学，他发现伦理学课程给学生们带来了很大的成长。我很吃惊他会聊到这一点，长期以来，我特别希望澳大利亚也开授伦理课。我们还聊到，媒体为了博眼球，每天呈现大量的负面新闻，这些负能量只会让大众心生恐惧，而伤及大众和世界。

我们还聊到家庭。有些人喜欢把自身的观念强加给年轻人，可是，他们的某些观念往往对自己都毫无帮助。而且，如果只是说，而不去做，别人（尤其是小孩子）会认可你所说的吗？小孩子只是会模仿你所做的，而不是按你说的去做。

最后，我们还聊到了世界和平。以前，一些人认为发动战争可以使国家繁荣，现在事实证明，和平才能带来发展。根据全球和平指数（Global Peace Index），国家越是和平，生产力就越高，和平与繁荣是相辅相成的。如今全球都致力于和平，因为只要能够保持和平，人类就能把更多的心力放在更重大的议题上，比如医疗、环境。解决饥饿问题，应对气候问题，提升科技等，这些事情都更值得我们花费精力。人类不该把精力都浪费在那些荒谬的战争上。促进世界和平，为子孙后代创造好的生活环境，人人都有一份责任要尽。

晚上，我回到酒店，在窗前站了很久。我俯瞰着灯火通明的曼谷，感觉非常惬意。回想起白天发生的事情，还有高僧对我说的话，我想这一定会为我的人生带来深远的影响。我发现了自己内心一直所追求的东西，就是爱，是人人内心皆有的爱。无论身在何处，无论有何种信仰，无论身处怎样的社会环境，爱，乃人之常情。

这样的一位东方智者——年龄大约是我三倍的高僧——竟然跟我这位西方年轻人有着同样的感受，这让我非常震撼。我们的经历不同、信仰不同、社会背景不同，可是心灵相通，这使我们可以建立紧密的关系，互敬互重。打开心扉，放下自我，就会发现人与人可以团结一心，可以有力量改变世界。

以前，我只懂得向别人寻求安慰，直到如今才突然发现，内观才能开启人生的真谛。

19. 生命的感悟

　　有的时候，我们会思考生命的意义。如果你想一下子得到所有的答案，这往往会把你逼疯，或者对人生产生怀疑。我想和大家分享一下我在人生旅程中的感悟，这些感悟非常重要，帮助了我了解人生、丰富人生。

过去、现在、未来

　　今日之我源于昨日之心念，今日之心念建构明日之人生：人生乃心之所造。

—— 释迦牟尼

　　为了更好地分享我的感受，我需要先下个结论——只有当下，才是唯一真实存在的。你有没有想过自己的昨天去哪里了？你觉得自己抓得到昨天吗？昨天并没有消失，人生中的任何经历都不会凭空消失。你的经历永远储存在你的脑海里！它存在于你意识空间里的某一个区域。这意味着它是可存取的、可创造的、可信的，如同我们对自己的未来所产生的想法一样。我们珍视自己过去的回忆以及对未来的期许，却忘了最重要的时刻——现在。

比如，一个月前你办了一场很成功的家宴，当你现在需要再办一次家宴的时候，你往往会更重视过去的成功经验而忽视当下。又比如，你即将经历一场前所未有的体验，你往往会对即将到来的体验充满期待而忽视当下。这种情况太普遍了，很多人都是这样。

有些人只想着过去，一直牢牢抓着曾经的成功经验，他们的满足感只能从过去获得。但是，如果想要获得真正的满足感，就必须抓住当下。无论如何，每当我回归当下，我的心就会平静很多，就能把有益于自己的事物正确归位。

过往的所有经验都储存在我们的大脑中，这意味着我们有能力控制它。当你回想起某段经历的时候，如果你的心态有所转变，你肯定也会觉得那段经历本身也发生了改变。这就好像最开始你认为某件事是坏事，但是心态转变之后，你可能反过来认为它是件好事。我们必须认清一点，人总是可以采用不同的心态看待自身的处境，而处境本身并未改变。所以，你可以换个心态去看待处境并从中获益。

活在当下不是忽视未来，而是用意识创造未来。

未来其实跟过去一样，只是脑海里的影像；然而过去和未来的影像会影响现在的行为举止。你就是脑海里影像的掌控者。那些会让你难过的影像，你会去反复读取吗？如果会的话，你为什么要自讨苦吃呢？如果我们认可自己的掌控力，就该尊重当下，毕竟所有的影像都不是当下的真实。有的人为已经发生的事担心不已，同样也对尚未发生的事紧张不安，这样未免荒谬且缺乏理智。反复读取这样的影像，最终会伤害到自己。有趣的是，他们本不需要担心或有压力，因为这些影像在当下都不是真实的，但是，如果不停地去想，那些影像就很可能转化为现实的一部分。

这里有个小游戏，你可以试一下。现在，把一只手从这本书上移开，反复上下移动手指。仔细观察手指，聚精会神地边做动作边看着手指约三十秒。

现在盯着整只手，触摸它、拥抱它。你只活在当下。做游戏时，你想到令你担心的什么事情了吗？当然没有，因为你专注于当下，你活在现实中。

你曾经为哪些事情紧张不安呢？你可以环顾一下四周，那些事情只不过是你在脑海里重演的影像罢了。所以，是谁在掌控你的想法？是你自己。

你要知道，能够在大脑中创造各种影像的人是你自己，这样你就可以想一些对自己有益的事。至于那些会对你不利的事情，一定要把它的影像扼杀在摇篮里。

曾经，我读到过这样一段文字：有一种方法可以帮助你意识到自己活在当下，那就是抬头仰望天空中的云。如果你的眼中只有云彩，那就是处于当下；如果在云朵上看到其他形状的东西，那就说明你心神不宁。我们无法一直活在当下，心思肯定会游移不定，如果你可以在此刻让大脑放空，那么就拥有了当下的力量。很多时候，心思的游移应该是为了让过去的经验变得合理，或是为未来开辟一条道路。如果两者都不是的话，那你就是需要别人的慰藉了。

　　过好人生的技巧就是活在当下，尽量让当下变得完美。

——埃米特·福克斯

　　无论我们现在选择思考什么，不管是一次不愉快的经历，还是我们想象中的美好生活，都会对我们接下来要做的事产生影响。当我开始拥抱这一刻并有效地利用时间，我就会改变自己应对生活的方式。因为我意识到了我现在的思想、语言和行为会对我的生活产生巨大影响，所以我不会再拖延了。**每一个新的时刻都会创造新的机会，那是人生给予的一张白纸，有待书写。**你可以思考自己想要的，感受自己想要的，创造自己想要的。下一次当你发现自己沉迷于过去的经历，或者幻想那些对你产生负面影响的影像时，问你自己以下三个问题：

我想思考什么？

我想感受什么？

我想创造什么？

是谁在操控你的思想？是谁在操控你的感受？是谁在操控你创造的事物？ 生活中最重要的这三个方面，都由你自己掌控。你掌控所有，所以你必须做出正确的选择。

如果你想创造值得的回忆，就必须有所改变。你脑海中重现的影像和你讲述的故事，都会影响你的生活。

你的天赋有无限可能

无论你觉得自己行，还是不行，你都是对的。

—— 亨利·福特

生活总是有无限的可能，你现在的选择会影响你接下来要做的事。你需要做的就是把你的想法表达出来，然后付诸行动。把想法变为现实，就像是拼拼图。首先要建立完整拼图的形象，印在脑海里，然后再一片一片把拼图拼起来。你的想法始终是自由的，选择去拼什么，决定权在你自己。如果你对某件事产生了坚定的想法，无论这件事是什么，你都应该去实现它。脑海中产生强烈的愿望，然后付诸行动。桌子、桥梁、书本、画作全都是依循同样的准则创造出来的。

很明显，我们每天都是依据这样的规律去做事。大脑的力量很强大，使我们可以专注在一件事上面，并把那件事变成真的。比如，你想要在早上十点的时候去商场买一件心仪已久的衣服，心念一起，你就跟人说出你的想法，并在脑海里浮现出买衣服的情境。也许你从未去过那家店，那家店只存在于脑海里，但你从各方面搜集的信息让你知道自己要去那家店。你早上八点起床，采取了行动，最终把想法变为现实，于是你拥有了心仪已久的那件衣服，这件事就被你创造出来了。

反之，如果你决定不去那家店，那家店在你的世界里就不会出现，你会选择做别的事来代替它。难道这表示你不具备去那家店的创造力吗？不是，你确实具备那个创造力，只是你选择不去罢了。你有多种选择，你的大脑会告诉你有无限种可能，你可以选择去洗车、看电视、读书、工作，如果你去做这些事情而非"去那家店"，那么后者永远不会被创造为真实。

命运掌握在自己手里

> 肤浅的人相信运气，强大的人相信因果。
>
> ——拉尔夫·爱默生

有些人迷信运气，经常把自己的失误归结为运气。如果你相信运气，那请你来证明吧！如果你认为事情的发生纯粹是运气，那么你过往所经历的一切又都算什么呢？明明是你做的选择，你却说那是运气，这也太荒谬了。

如果真的是运气使然，贯穿于人生中的每一件事就都是由运气决定的。我想我们都很清楚，这只不过是在推卸责任罢了。承认这种说法，就表示在你眼里人生是不可控的。所以，早上去上班没有被车撞就是好运，笔掉在地上就是倒霉——运气贯穿于生活中发生的每一件小事。如果你说某件事是运气，但又不是每件事都是靠运气，这样是说不通的。

其实，我们都知道，有很多事情，实际上我们自己是可以掌控的。

理性消除巧合，因果抵消运气。如果你想掌控你的生活，就不要把运气当作借口。

有的人始终相信事情的发生是没有任何原因的，这归根结底是不相信自己。有的人在遭遇失败后说是运气坏，实际上是没有认识到那也许是一个改变的契机。也许，我们不能马上认清失败的原因，但往往多年以后，你跨过了那道坎，再回首往事就会明白每次失败都有其意义，是值得我们学习的。有人说，天上有个人掷骰子来决定我们的人生，我不清楚这样的人是怎么想的，我觉得这种言论很荒谬。我们遇到的每一件事情，都有其因，做的每一个决定，都有其果。

仰望星空，我们会觉得星星是散乱的，实际上它们都待在应该待的地方。

我们全都拿着画笔在人生的画布上画画。直到我们真正理解了这一点，我们才能了解人生。所有的事情都依赖于你如何看待你的过去。如果你认为一切都是运气，那么过往的经验将会毫无意义，对你毫无帮助。承担责任，并从有意义的过往中获得经验，这对你是有帮助的。每个人都能如此的话，这个世界就会变得美好许多。假如，有人因为踩到地上的香蕉皮而滑倒，那是坏运气导致的吗？那是因为丢香蕉皮人做出的不负责任的行为导致的。**把一切都归于运气，便没有了责任；要担起责任，才有成长的动力。**

事情的发生绝非偶然，没有靠运气这回事。每件小事的背后都有其意义，并且意义非凡。

也许，你我现在不太清楚有什么意义，但不久以后就会明白。

——理查德·巴赫

你关注什么，就会吸引到什么。我一直都喜欢说："事必有因。"然而很多时候，我并不太清楚这句话背后的逻辑到底是什么。某件事情的发生会使我困惑，直到再有类似的事情发生，才能帮我解开一些谜团。当我真正对人生中的每件事都提出问题时，才体会到"事必有因"这句话的含义。在这个过程中，我尽量对自己坦诚，深究每件事发生的原因，最后才发现原来都在自己身上。

当我们这样做的时候，一定要放下自我，因为这是找到真相的唯一方式。我们总是习惯向外界寻求帮助，结果却困惑不已，其实真正的答案就在我们的内心中。"生活中发生的事情都是我吸引来的吗？事情的发生是因为我吗？"答案总是在自己身上。我们每天面对生活的态度，导致了这些事情的发生。我们思考事情的方式、说出的话、采取的行动，最终导致现实的发生。有时候，我会尝试把自己开脱出来，让自己相信事情就是这样的，与我无关，可是这种想法对我毫无帮助。我只不过是害怕面对现实罢了。所以，事情的发

生取决于自己。事必有因，务必要让那个因，成为一个可以
让我们从中学习、成长的理由。

　　当我可以真正掌控自己的生活时，我才意识到自己必须
要有能力来决定自己的命运。从始至终，决定权都在我手里。
经历了很多事情，我才有所领悟。我开始对自己的处境负责，
而我的处境也随之发生改变，只有这么做才能掌控自己的人
生并做出彻底的改变。如果你认为自己的困境都是外部因素
造成的，那你永远不可能走出来。**外部的事物我们无法掌控，
但是自己对外部事物的反应，却是可以掌控的。**

　　命运不是偶然的，是可以选择的；命运不是等待的，是
有待达成的。

——威廉·布赖恩

　　贝萨妮·汉密尔顿就是很好的例子。她和朋友去冲浪，
一条手臂被鲨鱼咬断了。当时的她是个很有抱负的运动员，
虽然有了这番遭遇，但她没有放弃，依然获得了许多冠军称
号。她出版书籍，《灵魂冲浪人》也是以她为原型拍摄的

电影，全世界有无数的人受到她的鼓舞。贝萨妮·汉密尔顿
把自己的经历当成启迪他人的一种方法。她说，这段经历并
不代表跌倒，她不后悔发生在自己身上的事情。

　　人的一生中，真实的自我总会不断地得到展现。只要你
愿意，你就有机会把握它。如果我们只想着走捷径，结果往
往适得其反。你有责任把你目前的想法、言语、行动与你所
处的环境联系起来。你有时会感到震惊，但是探究得越深，
你得到的成长的机会就越大。

在不确定中找到确定感

　　在生活中，我们有时候对某件事非常确定，可是过不了
多久，就会发现在人生的那个当下显然还有别的选择。但是
仔细想想，人生之所以值得，就在于存在不确定。如果你提
前得知人生的各种答案，那人生就没有任何意义了，你的经
历和情感也许会消失，你的生活中没有兴奋、困难、关爱、
感激。就像你和朋友去看电影，如果朋友一开始就剧透，你
会不会觉得很讨厌？我们并不想提前知道全部答案，如果真

的可以提前知道答案，人生就会索然无味。

不要总想着会发生一些糟糕的事，等到事情真的发生了，再去想办法应对吧。当某种不确定感出现时，我会努力去找出确定感。老想着坏事的发生是不正常的。然而总会有这样的人，就算是人生中最微不足道的小事，都会浮现不好的预感，所以他们只会离自己的心愿越来越远。我们会说"我应该会""我试试看""可能吧"这类话，但是如果一直是这样的态度，就什么事也做不了。只要下定决心去做某件事，就一定能找到方法。我们会说出"万一……该怎么办"之类的话，或者会给自己不去做这件事找各种借口，这样那些"万一"往往会成真。人生存在无限种可能，所以当事情发生的时候，我们虽然会觉得意外，但如果专注于创造确定感，这样就能去除内心的所有阻碍。

我们是一体的

如果我们的内心不平静，那是因为我们忘了我们属于彼此。

——特蕾莎修女

生活是未知的。我们试图找出真相，但每个人对真相都有不同的说法。思想家、科学家，甚至是便利商店的店主，都声称自己懂得真理。

真理是什么？孰是孰非？人类肯定能达到一个共识，能让我们都和平共处。一旦意识完全觉醒，真相就会更加清晰。真相的出现是不会受到任何约束的。这不是通过说"我是对的，你是错的"来获得自私的自我满足感就可以的。真理就是真理！

真理就是爱，这是一种特殊的感觉。真理就是内心深处所想，是真实的自我，它总是能让你展现出更多的爱。有些人认为内心的声音会让自己失望，但是那些取得成功的人都知道，内心的声音可以把梦想化为现实。我们之所以不敢和内心的声音论辩，是因为那样容易暴露出自己常对自己说谎。

爱是一切的根源，这就是真理。爱是纯粹，不自负。这就是为什么伟大的人从未要求以他们为中心。他们做的就是教导我们爱万物，我们和这个世界是一体的，宇宙万物会受到我们行为的影响。

　　我敢肯定，当某个东西被创造出来的时候，里面一定有创造他的人的影子。也就是说，如果世上的一切都是从某种存在开始的，那就表示世上的一切都有那个存在的影子。好比，画家和他的画作、雕塑家和他的雕像，他们的作品里永远都有他们自己的影子。我们和我们的母亲也是一体的，我们都是从妈妈的肚子里生出来的，我们的体内有母亲的基因，我们自然有母亲的影子。

　　普通人之间的联结，在日常生活中也同样很明显。你可以仔细观察一天内，别人对你的行为带来多少影响，甚至对方有一半的时间都不用说话，就可以影响到你。

你做过什么，就会得到什么

　　有一个道理对我触动很大：我们和这个世界的所有事物，都有某种微妙的联系。比如，我伤害了你，实际在整个过程中也伤害了我自己，甚至在伤害整个世界；我们不爱护环境，就是不爱护自己。如果我们做出了不友善的举动，终究这个世界会以某种形式对我们做出同样不友善的回应。反之，如果你展现出淳朴、和善、博爱的态度，那么这个世界也会给你相同的回应。

我们和这个世界是一体的，人们对于这一点不了解，才会产生隔阂。

这启示我们："你做过什么，就会得到什么。"你做的每件事都会影响自己、其他人或物，甚至你的每个想法也是。你可以回想一下自己过往的所作所为，再看看现在的自己对世界的认知，与曾经有过的经验有没有关系。

不要以自己想被别人对待的方式去对待别人，要以自己想被别人对待的方式来对待自己。

有这样一个问题，我经常被问到："对待别人，我可以尽我所能做到真诚、友善、富有爱心，但总这样，可能自己最终会吃亏。"我往往会这样回答："你选择用这样的态度对待他人，是否是为了图他人对你的回报呢？如果是的话，以你的性格，我想除了你真的愿意吃亏，否则别人很难真正在你这里占到便宜。如果不是的话，那你又计较什么呢？"

我们真诚地对待别人，并不是要求得到回报。如果你的真诚就是为了得到回报，那似乎也就不能叫作真诚了。当你对每个人都表示出博爱、仁慈、不图回报，那你的回报就会很显著。不要等着别人来感激自己而获得满足感，要拥抱你付出后得到的满足感。

就人生而言，重要的是你对待自己的方式，而不是别人对待你的方式。

每当我看到有人消极地面对生活的时候，我都会激起想要帮助他们重新振作起来的热情。我从自己的经历中知道，消极是多么可怕。这种心态使人永远无法发挥自己的才能，更不会让我们过上想要的生活。很多时候，我们只要把注意力放在自己喜欢的事物上，就很容易挣脱悲观的想法或情绪。

我常常会问他人这样一个问题："从现在起，你是希望自己慢慢地死去，还是开始一点一点地好好地活着？"全世界的医务工作者、科学家们都在为延长人类生命而不懈努力，然而死亡又是不可避免的。唯一能阻止死亡的方式只有一个——活着，但是，我们活着的时候却常常忽视这一点。我们只有活出自己真正的样子，才能算对得起自己还活着这件事。

第 7 步

找到满足感
——什么才是真正的成功?

20. 真正的快乐

人总是以为快乐源自身外，最后才发现内心是快乐的真正泉源。

——齐克果

我们时常有这样的经历，当你正处在快乐的事情中时，往往会发生一些令你扫兴的事。正所谓"乐极生悲"，这使我们开始困惑，有的人甚至开始质疑，人生是否有真正的快乐？这是因为人们总是以为真正的快乐是源自身外的。

正如，你买了新车或新手表，你很兴奋，大概一个月后，你意识到那只是一辆车、一块手表而已，这种兴奋感消失殆尽。外在物质带来的满足感只能是暂时的，于是我们总是不断地通过外在的刺激来获得我们在人生寻求的满足感。为了获得快乐，我们去旅游、去寻找伴侣、吃自己喜欢的食物、赚更多的钱。但是钱花了、旅行结束了、食物吃完了，我们好像又不快乐了。我们无时无刻不在受外在事物的限制，包括时间、环境、社会地位，乃至你的身体等。有这么多的限制，你又怎么会感到快乐呢？所以，只有把目光转向你的内心，你才会发现你所期待的、真正的、永恒的快乐。

在泰国的时候，我遇到了一个富豪，他的生意遍布全世界。他在泰国有几家服装店，他利用度假去巡店的时候，我碰巧遇见了他。

当时，我正在和店里的一位员工聊天，聊的正是得到什么才是真正的快乐。员工说："那个会让你得到快乐。"他指着店里的一台笔记本电脑的屏幕，上面是一张兰博基尼的照片。这时过来一个人（我当时不知道他就是这家店的老板，更不知道屏幕上的那辆兰博基尼是他的）说："那个不会让我快乐。"我们就此聊了起来，他还邀请我一起去吃午饭。

我发现这个富翁是我遇到过的最不幸的人之一。他一直都在追寻快乐，但是始终求而不得，什么也满足不了他。我帮助他转移了视线,让他去观察他的内心——如果他每天面对生活的态度都像他第一次买兰博基尼时会怎样呢?他做出了改变,后来,我听他说比以前开心多了,我也为此而感到非常欣慰。

通往快乐的唯一途径是,一定要意识到你是可以让自己获得快乐的。让你快乐的不是什么物品,而是你面对它们时的态度。如果你需要依赖某些事物才能感到快乐,那么失去它们的时候,你会有什么感受?当你的新车发动机发出奇怪的声音,新手表被刮坏,或者食物不符合你的预期,你马上就会沮丧。

一个人最优秀的能力,就是意识到自己能够让自己获得想要的情绪,包括快乐。比如去度假这件事,你计划去度假,并且把这个计划告诉别人,然后对于即将到来的假期兴奋不已。有趣的是,实际上这只是你的大脑想象的过程,所以让你快乐的并不是度假本身。即使离度假还有一个月的时间,但是你比往常更快乐了,上班的日子也没那么难熬了,你不再纠结于那些不重要的小问题,不去关注让自己不开心的事情了,因为你要去度假了!

　　人有一项最厉害的天赋，就是始终有力量产生积极的情绪，包括快乐在内。拥有梦想，规划未来，或者做一些值得期待的事情，会使人更有意愿保持积极的感受，从不同的角度去看待困难、克服困难。

　　快乐的人不是处于某些情况下的人，而是采取某些态度的人。

——休·唐斯

　　然后你踏上旅程，一切都变得奇妙。你碰到的那些人是你见过的最幸福的人，建筑物也非常华丽，你甚至开始欣赏那些你以往忌讳的事情。其实，建筑物和人们哪里都有，他们之所以看起来更好了，是因为你对生活的态度改变了。

　　等你回到家，碰到一些外地来的游客，他们对你说你住的这座城市有多么好，但是你却认为那不值得大惊小怪。实际上，当你对生活的态度发生了改变，那些你看到的、遇到的事物也都随之发生了改变。我们总是习惯于用外在的事物去评判内在的感受，却忽视了其实你在任何时候都可以得到快乐。我希望你时刻都能像你在度假的时候那样，带着热忱和快乐去感受生活，那么你立刻就会发生改变。现在，请闭上眼睛，想象你最快乐的时候，感受当时的情绪。难道你穿越过去了吗？当然不是，关键在于无论你人在那里，处于何种境况，悲伤或快乐一直都在那里等你做选择。

当我感觉自己不快乐时，我会闭上眼睛，想象着自己正在去一个能够获得快乐的地方，或者想象自己喜爱的东西。如果我们把注意力转移到快乐上，积极的能量就会传导到我们身上。

随着时间的流逝，你越是这么做，就越是乐观、坚强。就像大家都知道的，这就是人生，人生不可能是一帆风顺的。我的快乐理论很简单，我知道自己不会无时无刻都快乐，也对这点感到知足。这就是我的快乐!

生活并不是只有快乐。很多人都以为，要想获得快乐，就必须让自己处于一种喜悦的心情之中。当你专注于某件事，不想有人打扰时，你会说自己不快乐吗？至少我不会那样说，因为人生不是只有乐与丧两种情绪。有时候你只是坐在那里发呆，家人和朋友都会问你怎么了。其实我只是想一个人坐一会，那并不代表我不快乐。你必须清除掉社会营造出的那种一心追求快乐的焦虑，接受任何情感都是人生的一部分的事实。

　　人生的主要任务不是寻找幸福的终点，而是追寻及找到自我的价值。每个灵魂的深处都希望解决掉使自己不快乐的诱因。但是，如果我们始终执着于此，那它就永远都不会被解决掉。

21. 你是自己生活的缔造者

理想照亮了我前进的路，不断给予我直面人生的勇气——那个理想就是真、善、美。

——爱因斯坦

经过这么多年，我终于开始了真正的生活。我突然领悟到，生活是过一天少一天的过程。随着年龄的增长，有的人会感到痛苦、害怕，因为他们害怕自己时日无多，每过一年，自己的生命就减去了一年，然后他就会变得沮丧。

但是，如果在活着的时候，充分利用好每一天，那又有什么好沮丧的呢？如果你可以意识到这一点时，你就会发现，你所经历过的每一段时光，都是教你学会如何过好今后生活的开始。

我们时不时地让自己沉浸在压力、忧虑、悲伤、愤恨等感觉之中，这些感觉不只是身体上的，更会在精神上打垮我们。那些感觉直接或间接地出现在我们生活的每一瞬间，甚至还会影响到周围的很多人。人生只有一次，为什么不努力去活出精彩的人生，让自己成为最好的自己？与其认为自己来到这个世间就是不由自主地被命运所安排，不如认为你的出生就是为了体验人生的精彩。我最不忍见到的就是，很多人直到生命的最后一刻，才理解自己来到这个世上最真实的意义。

现在的我，开始欣赏生活中的每一次经历，欢乐、悲伤、不确定感、哭泣和爱等都具有同样重要的意义。享受生活的每时每刻是一种态度，这种态度帮助我打开了所有美好人生的大门，它真正改变了我的生活。

我在这本书中呈现的所有，是想给各位读者提供一些精神上的帮助，可以帮助大家找到满足感。这仍然是一种修行，但我相信你会坚持下去。如果你对我有足够的信任，参考我所说的话，我相信你就一定能品尝到生活的美好。

在找到成功之前，你必须先找到内心的平静，所以一定要看完本书并完成其中的练习，有必要的话，就读十遍、做十遍。它可以成为你的人生指南，别把它当成"读完就放下"的一摞废纸，因为这不是它存在的目的。

人本身注定是伟大的，只有人才能体验到其他生命无法体验到的丰富情感，并在挑战中不断成长。我们被赋予了创造自己生活的天赋，无论我们选择什么方式，我们都有一个无穷的智慧源泉。

爱自己、爱他人、爱人生，这个世界就是你的。

依照这些练习去做，并把它运用在生活的各个方面。把注意力放在你所取得的成就上，而不是那些令你沮丧的事情上。我不了解现在正在读这本书的你是一个什么样的人，但是现在的我在任何时候都不会虚度人生。我想为自己，为我周围的每个人，赢得我们想要的人生。当你拥有这样直面生活的态度时——你已经完成了你想达到的目标，能够和他人分享爱，或者能够获得内心的平静，那么一切就会顺其自然地发生了。

无论是过去、现在，还是未来，选择的权利始终都在你的手上。为了达成愿望，无论如何都要坚持下去。你也许会犯错，但你还是会继续把人生过好，而这会成为你的理想。

生活中，很多事情的发生是没有道理的。比如，一场地震过后，凭什么就会有人（其实是会有成千上万的人）失去生命？凭什么那些原本不在地震区，但是参加了抗震救灾的英雄们却英勇牺牲？凭什么有的孩子一出生就患有先天疾病？这样的事情并不少见，我们比他们幸运了不知多少倍，比起他们我们有什么资格去丧？这确实值得我们去反思，同时也会促使我们更努力地去生活。

在生活中，我们有各种遭遇，关键不是我们要多么迅速地逃离，而是我们如何去战胜它们。这些遭遇当然是我们不想要的，但是它们可以帮助我们找到自我。生活中"那些杀不死我的，终将会使我变得更强大"。有时候，我们可以理解某些糟糕的事情发生的原因，有时候我们无法理解，但这些都不应该成为我们不去努力变好的借口。

我不在意别人看我的眼光，我只是欣赏他们在我的生命中所扮演的重要角色。因此我不憎恨任何人，反而我很感激他们。

为了活得精彩，你必须做好两件事：第一，精神要饱满；第二，有控制自己情绪的能力。

我在这本书里所说的一切，只能帮助你做好这两件事，剩下的是需要你独自走下面的旅程，没有人可以替代你往前走，因为你的人生终究是你的人生，如同你的指纹那样独一无二。

最后，我希望你可以真正享受你的人生之路，并且可以分享你的故事。我之所以要写下这本书，正是因为有很多人在人生的旅途中迷失了。甚至一些人不知道要从哪里重新开始，所以我想这本书可以提供一个方向。

现在，恭喜你读完了这本书，这件事意义非凡。我希望在将来的某一天，我们能够在世界的某一个角落相遇，或许你不认识我，我也不认识你，但是我们能够把自己的故事分享给彼此。我想，我会非常感谢你可以把你的内心情感、人生旅程分享给我。我会很高兴，并且期待我们之间能够产生共鸣。我期待这样有趣的事情能够发生：尽管我们从未谋面，但我觉得好像认识你一样，而你也有同样的感觉。在我们再次产生共鸣之前，希望你可以实现更大的梦想，使你的生活更有意义。

实际上，我重启自己的人生旅程时，也问过同样的问题：

这一切究竟为了什么？有什么意义？我在这里做什么？

而现在的我，享受人生的自在，置身于这个可爱的世界中，我是它的一部分，它是我的一部分。我想最好的回答就是：

你的生活就是你自己创造的，你就是你自己生活的缔造者。

鸣　谢

　　有如此多的人需要感恩，我无法用语言表达我的感激之情。因为这些话语就像大海中的一滴水一样微薄。

　　感谢父母对我无条件的爱，你们总是给我鼓励，让我成为最好的人。你们对我的支持、给我的信心，支撑着我一步步实现梦想。

　　感谢哥哥马修——我的良师益友，感谢你跟我畅谈人生，给我一辈子的支持。

　　感谢姐姐珍妮，谢谢你给了我难忘的经历。你对孩子的教育体现出了你高尚的品质。

　　感谢姑姑海伦，您就像我的母亲。如果没有您，就没有今天的我。您知道您对我有多重要。

　　感谢祖父、祖母和阿黛尔阿姨，谢谢你们一直支持着我。

特别要感谢祖父，虽然您已经去世多年，但是您的精神一直给我启迪。

感谢所有陪着我的朋友，你们对我的帮助，我深表感谢。

感谢其他家人，谢谢你们一直陪伴着我。谢谢你们从小就教育我要成为一个高尚的人。

感谢那些说"你不行"的人，你们一直是促使我证明"我可以"的动力所在。

最后，感谢那些曾经说"我放弃"，但最终却坚持了下来的人，能够继续这趟旅程将使你的生命更有意义。我为你们的勇敢向你们致敬。

我相信，我们所有人生经历的意义，不只是要我们从中学到些什么，而是要把我们学到的分享给需要的人。

——丹尼尔·奇迪亚克